集団的自衛権で日本を滅ぼしてもいいのか

徹底議論！ 半田 滋×川口 創

半田 滋＋川口 創【著】

合同出版

はじめに

２０１４年７月１日、安倍政権は集団的自衛権行使容認の閣議決定をおこないました。10月８日には、自衛隊と米軍の役割分担を定めた日米防衛協力のための指針（ガイドライン）の再改定に向けた中間報告がまとめられました。２０１５年中にも出されるであろうガイドラインの最終報告では、日本の集団的自衛権の行使容認を反映させることも確認されています。

「２０１４年12月14日には、衆議院選挙が行なわれました。自民党は、選挙中は、「アベノミクス」を争点とし「集団的自衛権行使容認」については争点にしない方針をとっていましたが、案の定、選挙が終わった途端に「集団的自衛権についても信任を得た」と宣伝しています。

２０１５年の統一地方選後に国会で行なわれるであろう集団的自衛権についての論戦においても、安倍首相は「信任を得た」と強弁するばかりで、具体的な論争を避ける可能性が十分あります。

国民から集団的自衛権の問題をなるべく隠しつつ、「数の力」で一気に地球規模での集団的自衛権行使容認を前提とする法改正を次々してくることは間違いありません。また、自衛隊の活動の「地理的限界」を取り払い、「武力行使一体化」の枠組みを否定するなど、自衛隊と米軍との一体化が一気に進むことは必至です。

２０１５年は、安倍政権が、２０１４年7月1日の閣議決定を「踏み台」にして、憲法9条の歯止めを取り払おうとしています。憲法9条に明らかに反する、国家政策の根本的な大転換がいま、目の前で進められています。しかも、主権者である国民を置き去りに進めています。改憲論者で有名な小林節慶応大学名誉教授は、安倍政権の暴挙を「自民・公明党は憲法ドロボウだ」と厳しく批判しています。主権者として、これ以上安倍政権に好き勝手をさせてしまってよいのか。私たち主権者としての力が問われています。

安倍政権は、国民には事実を伝えずに、ことをどんどん進めようとしていますから、私たちは逆に、集団的自衛権の問題について知り、その声を「広げる」必要があります。

その際、分かりやすく伝えていくことも大事です。

しかし、同時にその声を「強く」していかねばなりません。憲法破壊を許さないという声を「強く」していくためには、「分かりやすい」ということを求めるだけではなく、さらに一歩、この問題についての思考を「深める」ことが大事だと思います。

私たちが、集団的自衛権の問題を「深める」対象の1つは、具体的な安全保障政策、防衛政策の点から閣議決定などをどうみるかという点です。集団的自衛権行使容認を認めることが現実の防衛、安全保障政策にどんな影響を持つのかということについて、確信が深まってくると思います。

本書は、まさに、現在の防衛政策（安全保障政策）に軸足を置きながら、集団的自衛権の問題について迫っていこう、その話であれば、防衛省担当として防衛政策の取材に長く関わってこられた東京新聞の半田滋さんにおいて他はない、ということで、半田さんからお話をうかがうという形で本を作

なりました。

私が弁護団事務局長をしていた自衛隊イラク派兵違憲訴訟において、2008年名古屋高裁で違憲判決が出されましたが、当時、半田さんをはじめ、東京新聞、中日新聞の記者たちが粘り強く自衛隊のイラクでの活動実態を取材しており、その取材の積み重ねも、違憲判決を産み出す大きな原動力となりました。

半田さんとは、違憲判決後も、さまざまな局面でお会いしてきました。

そういった信頼関係に基づいて、本書では半田さんにはかなり自由に語っていただいています。結果として、「集団的自衛権」の問題について、立体的に考えていく一助になる本となっているのではないかと思っています。

本書は、すでに2013年11月29日以降半田さんと何度か対談をしたものをまとめ、整理したものです。1年前の対談ですでに、今進められている安倍政権のタイムスケジュールはほとんど予想しておりました。対談した時点なら本書は「予言の書」になっていたかもしれません。

このことは、現時点でみれば、安倍政権は当初の予定どおりに「こと」を進めている、ということに他なりません。本書では、今後の情勢も想定しながら話をしていますので、大きな流れを念頭に置く上で、役に立つ部分があると思っています。

いま、日本は真の民主主義国家として成熟していけるか、私たち主権者の力、力量が歴史的に試されていると思います。

憲法は時の多数をも縛るものではありますが、しかし、やはりいま、憲法破壊を許さない、という市民の声を多数にすることができなければ、憲法・立憲主義は守れない、と思います。主権者一人ひとりが力をつけ、憲法破壊の策動を食い止めていくほか、道はありません。

本書は、その際、皆さんが集団的自衛権についての考えを深め、世論を強くしていく一助となり得ると信じております。同時に、集団的自衛権についてこれまで関心がなかった方にも気楽に手にとって頂き、問題意識を持ってもらえるような内容になっていると思います。

集団的自衛権の問題についての捉え方については、多様な切り口があると思います。本書で私たちが述べていることは、あくまで私たちの捉え方からの意見であり、違和感を持たれるところは当然あるでしょう。私たちは、「これが正しい」と読者に押しつけるつもりはありません。本書を通じて、皆さんの思考が少しでも深まることの一助となれば幸いです。

川口 創

著者が2013年11月29日、2014年3月22日に対談した内容を1章から4章までにまとめ、2014年8月1日に対談した内容を5章、6章にまとめた。

目次

第1章　安倍政権が目指す危険な国家像

1　第1次安倍政権から一貫している憲法敵視政策

川口　2014年7月1日、安倍晋三政権は集団的自衛権行使を容認する閣議決定をおこないました。

安倍首相は、憲法を変える、ということを自分の使命と思っている政治家です。安倍政権のもっとも大きなねらいが、憲法9条を否定していく、ということであることは明らかです。

2013年の年末に強行採決された特定秘密保護法*も、憲法9条否定につながる部分がありますが、第1次安倍政権*の時も強行採決を連発しており、

＊特定秘密保護法：特定秘密の保護に関する法律。

＊第1次安倍政権：06年9月～07年8月。

民主主義や憲法を否定していく安倍首相の体質というか特異性、危険な本質がむき出しになってきたと感じています。半田さんは、第1次安倍政権を含め安倍政権の特質をどのように見ていますか？

半田　まず、国内情勢と国際情勢の両方から安倍政権の特異性を見ていく必要があると思います。

川口 創氏

第1次安倍政権は小泉純一郎政権の後継として登場しますが、06年9月26日から07年8月27日までの1年間、この政権がやったことを見てみると、憲法を変える、「憲法改正」でなく「憲法改定」と言いたいのですが、憲法を変えるというゴールに向かって突き進んだ1年であったことは間違いありません。

その第1弾は、教育基本法の改定*です。僕の理解では、教育基本法は他の法律とはまったく異なった目的を持っていて、基本法制定の当時、憲法を国民の間に根づかせるための、学校現場で憲法を次代に教えるための枠組みを

＊教育基本法の改定：日本の教育に関する根本的・基礎的な法。06年12月22日公布・施行。47年の教育基本法の全部を改訂したもの。

示したものだと思っています。

川口　平和憲法を国民に浸透させ、平和国家の基礎を築く。そして、戦前の軍国主義教育の過ちをくり返さないため、個人の尊厳を基本とした教育を提唱した。一人ひとりが大事にされる社会、基本的人権の守り手を育てようというのが教育基本法の原点・理念だったわけですが、安倍政権はまず、そこに手を突っ込んできた。

半田　第1弾として「国を愛する心」とか、自民党的道徳観みたいなものを前提にして、教育基本法の性質をがらりと変えた。憲法を守って平和の大切さや人権を教えましょうというのでなく、「国のためにがんばりなさい」という方向付けをしたわけです。

半田 滋氏

　1999年、小渕恵三首相の時、国旗国歌法ができたでしょう。

　第1条　国旗は、日章旗とする。

　第2条　国歌は、君が代とする。

　この2条と附則からなるごく簡単なも

のです。小渕首相は、衆議院本会議で「学校におきまして、学習指導要領に基づき、国旗・国歌について児童生徒を指導すべき責務を負っており、学校におけるこのような国旗・国歌の指導は、国民として必要な基礎的、基本的な内容を身につけることを目的として行われておるものでありまして、子供たちの良心の自由を制約しようというものでないと考えております」

「政府といたしましては、国旗・国歌の法制化に当たり、国旗の掲揚に関し義務づけなどを行うことは考えておりません。したがって、現行の運用に変更が生ずることにはならないと考えております」と答弁している。

国旗や国歌は学校現場で強制するものではないと言っていたにもかかわらず、教育基本法の改定の後には、小中学校の現場で儀式のたびに君が代斉唱、国旗に向かって敬礼というようなことが強制されてきているわけです。

第1次安倍政権の目指す方向は、実は教育基本法の改定の中に潜んでいて、その意図はすでに明らかだったのです。ただし、「小さく産んで大きく育てる」という、その戦術がとても上手だったものだから、国旗国歌法から教育基本法の改定、その先にある憲法改定というゴールを実感を持って予測できなかったのだと思います。

■第１次安倍内閣、第２次安倍内閣期に成立した安全保障や憲法改正に関連する法律

（　）内は立案省庁

◇第１次安倍内閣（2006.09.26 ～ 2007.08.27）

第 165 回国会成立（2006.09.26 ～ 12.19）
・教育基本法案（文部科学省）
・防衛庁設置法等の一部を改正する法律案（防衛庁）

第 166 回国会成立（2007.01.25 ～ 07.05）
・日本国憲法の改正手続に関する法律（国民投票法）／2007 年 5 月 14 日成立
・駐留軍等の再編の円滑な実施に関する特別措置法案（防衛省）
・防衛省設置法及び自衛隊法の一部を改正する法律案（防衛省）
・武力紛争の際の文化財の保護に関する法律案（文部科学省）
・イラクにおける人道復興支援活動及び安全確保支援活動の実施に関する特別措置法の一部を改正する法律案（内閣官房）
・学校教育法等の一部を改正する法律案（文部科学省）

◇第２次安倍内閣（2012.12.26 ～現在）

第 185 回国会（2013.10.15 ～ 12.08）
・特定秘密の保護に関する法律案（内閣官房）
・国家戦略特別区域法案（内閣官房）
・自衛隊法の一部を改正する法律案（防衛省）
・安全保障会議設置法等の一部を改正する法律案（内閣官房）

第 186 回国会（2014.01.24 ～ 06.22）

第2弾が、防衛庁を防衛省に昇格*させたことですね。それまで総理府の「外局」の位置付けだった防衛庁を「省」として「一人前」にした。イラク戦争とアフガニスタン戦争の最中でしたから、諸外国からは、「日本は軍事に非常に力を入れていく」というメッセージに見えたと思います。

政権の最後には、国民投票法で憲法を変えるための手続き法*が初めて制定されています。もし、安倍首相が途中で退陣しなければ、いま起きている状況は、もっと前に実現した可能性があったと言っていいと思います。

当時の国際情勢から見ると、アメリカがイラクとアフガニスタンで戦争をしており、日本はイラク特措法やテロ特措法を制定してアメリカ軍に協力するという、法的な枠組みを整備した。具体的には、自衛隊が海外に派兵され、インド洋で洋上補給をしたり、イラクやクウェートで空輸活動をしたり、道路を直したりということを陸海空でおこなったわけです。

そのような後方支援活動をさらに突き抜け、たとえばイギリス軍のようにアメリカ軍と一緒になって、自衛隊が戦闘の正面に立って地上戦をおこなったり空爆をしたりということをすれば、アメリカはたぶん喜ぶだろう、と想像していた。安倍首相は、このアメリカの戦争を見ていて、できるだけ早く

*防衛省昇格：1954年以来、防衛庁として総理府・内閣府の外局。07年1月9日に防衛省。

*日本国憲法の改正手続に関する法律。2007年5月制定。

直接的に軍事協力できる体制を整えようと思っていた、と私は見ています。

アメリカ政府の利害と安倍という政治家が考える国家変革の形が、当時はうまく一致していたのではないかという気がします。

川口 第1次安倍政権が誕生した2006年の秋という時代情勢は、イラク戦争では、06年7月に陸上自衛隊が撤退し、航空自衛隊がこっそり輸送活動を開始したときです。航空自衛隊がアメリカ軍の物資、兵員を輸送する活動が始まったのは小泉政権の最後ですが、違憲とされているにもかかわらず、継続的な活動として踏み込んでいったのは、まさに安倍政権下でした。国民に対し、輸送活動に関する情報を開示せず、アメリカ軍との武力行使の一体化に踏み込んでいったわけです。航空自衛隊の輸送活動は、イラク市民を空爆する掃討作戦をおこなうアメリカ軍を支援する活動の中心を担っていました。この実態が国民には知らされていなかった。

半田 よくないのは、活動の内容を隠しただけでなく、嘘をついていることです。小泉政権当時、額賀福志郎防衛庁長官は、「陸上自衛隊が帰った後に何を運ぶのですか」というわれわれの質問に対し、「国連の要員や物資を運ぶのです」と言っていました。

ところが、実際に取材をしてみると、クウェートからイラクへ行く便が週に4便もある。そんなに国連要員を運ぶニーズがあるのかと不思議に思って取材していくと、どうやら自衛隊機はバグダッドに行っていることがわかった。バグダッドに多国籍軍、もっとわかりやすく言えば、アメリカ兵を自衛隊機で運んでいるという事実が出てきました。

結局、すべての作戦が終わった後、防衛省は情報を開示していますが、運んだ人数は国連の職員が2799人、メインだったはずの陸上自衛隊は1万895人で、アメリカ兵は2万3727人です。やはり、アメリカ軍のための空輸活動だったということが、この数字からわかったわけです。

川口　航空自衛隊の輸送活動全体を通しての人数ですね。2006年7月まではでは、たしかに陸上自衛隊がイラクに駐留していたため、自衛隊員を輸送した数はすくなくないのですが、2006年7月以降を見ると、アメリカ兵がメインになって、自衛隊員の輸送はほとんどなくなります。アメリカ兵の空輸が主要任務になっています。

半田　陸上自衛隊の部隊は2006年7月以降、イラクからいなくなっているため、陸自部隊の物も人も輸送活動はゼロです。アメリカ兵が1年間に

5000人～6000人程度運ばれています。陸上自衛隊の行き帰りとクロスしていますね。

2　隠される戦争の実態

川口　自衛隊がイラクに派兵された直後から、自衛隊機による輸送活動の実態を開示するように情報開示請求をしてきました。しかし、開示された資料は「黒塗り」で、その実態は覆い隠されていました。

半田　情報開示請求の第1回目、心電計の輸送の資料が出てきたが、公表されたのはその1回目だけで、残り486回は全部黒塗りの資料開示だったと言われていますね。

川口　自衛隊のイラク派兵差止訴訟で、名古屋高裁が「違憲」と断罪*したのは、2008年のことですが、裁判が終わった後も原告の方々が情報開示請求を愚直におこなってくださっていました。そして、違憲判決が出た翌年の09年、政権交代直後に、全面的な情報開示がされました。

半田　防衛省が概要を公表したのは2009年の7月、自民党政権の最後の

＊名古屋高裁が「違憲」と断罪：名古屋高裁が2008年4月17日、イラクでの航空自衛隊の空輸活動は、武力行使を禁止したイラク特措法2条2項、活動地域を非戦闘地域に限定した同条3項に違反し、かつ、憲法9条1項に違反する活動を含んでいると違憲判断をした。

頃でした。

川口　開示請求に対し、詳細な情報が開示されたのは、9月です。ほとんどがアメリカ陸軍などの兵士の空輸で、物資はほとんどゼロでした。人道支援なら物を運ぶはずですが、物は運んでいません。「人道物資」は何も運ばず、武装した多くのアメリカ兵を運んでいた。これのどこが「人道支援」だったというのか。実際には、航空自衛隊は小銃などを携行したアメリカ軍兵士を大量に戦闘地域に送り込む軍事行動に従事していた、ということです。

半田　行き先はバグダッドが多いでしょう。掃討作戦をやっていました。武装勢力とアメリカ軍が戦闘を続けていたバグダッドに、そのアメリカ兵を運んでいたわけです。

川口　2006年8月以降あたりから、バグダッドや、その近郊でアメリカ軍による掃討作戦が激化します。2007年の1年間を見ると、バグダッドを中心に2006年のおよそ6倍の1447回の空爆をアメリカ軍はしている。1447回というと、1日平均4回バグダッド近郊で空爆をしているわけです。その掃討作戦をおこなうアメリカ兵を最前線まで送り込んでいたのが、航空自衛隊です。それを実行していたのが安倍政権です。

国民にまったく情報を知らせずに、アメリカ軍と共同して「武力行使」をしていたわけです。「武力行使」というのは、まさに「戦争」ですから、安倍政権は、イラクでアメリカ軍とともに「戦争」をしていた、という「実績」がすでにあるわけです。

半田　そういうことですね。

川口　そのような意味では、特定秘密保護法、憲法9条破壊、集団的自衛権行使の問題は、リンクしています。特定秘密保護法が施行されると、自衛隊の軍事活動に関する情報は一切出てこなくなりますし、墨塗り状態であっても情報開示自体がなされない可能性があります。

半田　僕が、黒塗りの資料開示の段階であっても、各方面の関係者に取材して実態を報道できたのは、一部の制服組や政治家に反発があったからです。いわば彼らの消極的な抵抗ですが、こちらが聞きに行って初めて、答えてくれました。

自衛隊員が本当に危ないところに行って、しかもアメリカ兵を運んでいるという事態を適当なことを言ってごまかすことに対して、国民に知らせなければという気持ちがあり、僕の取材に対し、実名で話してくれました。『東京新聞』の記事（2007年3月25日）にもなっていますが、バグダッド空港の上空では、頻繁に携帯ミサイルで狙われているということまで将官が私に話してくれました。それの証言者の実名はさすがに出しませんでしたが……。

しかし、秘密保護法が施行されると、彼らは取材に応じなくなり、そのような情報を話さなくなるのではないかと懸念しています。

川口　自衛隊のイラク派兵差止裁判の最中は、情報は「黒塗り」の開示資料だけでした。黒塗りのままの情報開示で、裁判闘争をやり抜きました。国会でも、民主、共産、社民など各党の議員が、この「黒塗り」の「情報開示」を使って政府を追及したわけです。国会では、これはひどいではないかと、少しずつ情報が出てきました。

一方で、『東京新聞』・『中日新聞』が、地道な取材活動を通じ、実際には1万人以上のアメリカ兵を運んでいるという事実を暴いたわけです。そういった多くの確度の高い情報を裁判所に証拠として出し、それを裁判所が信用できる証拠だと認定した。実際、航空自衛隊は「人道支援」をしておらず、ほとんどが、武装したアメリカ兵を前線に送り込んでいたことは紛れもない事実だと違憲判決を出したわけです。

当時のバグダッドは戦闘地域で、多数のイラク市民が戦闘行為の対象になって殺されていました。そこに、武装した米兵を送り込むことで、航空自衛隊はアメリカ軍の軍事活動の重要な任務を分担していたわけです。自衛隊はアメリカ軍と「武力行使一体化」の軍事行動をしている、と裁判所は判断せざるを得ない実態だった。

抽象的に、「空輸活動は、武力行使一体化と見なすことができる」というような認定をしたのではなく、裁判所は丁寧に事実認定をした結果、航空自衛隊の活動は武力行使一体化で、憲法9条違反だという判断を出したのです。そのような判断をせざるを得ない、深刻な事実と明確な証拠があったからです。

秘密保護法が施行されると、私たち弁護士も現地調査などがしにくくなります。ジャーナリストも情報に接近できないということになると、自衛隊が憲法9条違反の行為を海外で展開しても、それを食い止める裁判を起こすこと自体が事実上できなくなってしまうことを懸念しています。

半田　現在でも、自衛隊法の中に、防衛秘密の漏洩の場合は5年以下の懲役、その教唆は3年以下の懲役という罰則規定があります。また、国家公務員法の中にも、秘密漏洩の罰則規定がありますが、秘密保護法という秘密漏洩そのものを罰する法律は、それらとはまったく異なる効果を発揮することになると思います。

3 「憲法破壊」へのタイムスケジュール

川口 秘密保護法の問題は、国民の知る権利を制限するものだという論点設定はそのとおりですが、憲法9条との関係でその影響を考えた場合、戦争をする国づくりをしていく中で、国民に対し、情報を知らしめない、という役割を果たす点で極めて問題が大きい法律です。国がおこなう憲法9条違反の行為に対して、そこにタッチさせない、そこに接近すると危ないという萎縮効果を、国民の中に生じさせるということも狙いだろうと思っています。

安倍政権は、憲法9条を明文で変えることを目標にしているというより、憲法9条を否定することを当面の目的にしていると思います。ですから、憲法9条を明文で変えようが、政府が「解釈＊」で変えてしまおうが、手段はどうでもいいと思っている。最終的には、明文改憲を狙っているのでしょうけれど。私はそう考えています。

＊2014年7月1日の閣議決定：巻末資料①参照。

半田　２０１３年の８月、安倍首相が山口県に里帰りをして、支持者を前に高揚したのでしょうか、「憲法改正は私の歴史的使命だ」と公言しています。しかし、それはあくまで最終的なゴールでしょう。いまの政治情勢は安倍政権にとっては、とても都合がいい。12年12月の衆議院選挙で、改憲勢力といわれる自民党、日本維新の会、みんなの党で３分の２以上を取りました。これで、憲法96条の発議に必要な頭数は確保していますが、13年７月の参議院選挙では、そこまでいきませんでした。自民党は勝ちましたが、日本維新の会が、橋下徹代表の従軍慰安婦発言で、票が伸びませんでした。

憲法改正の手続きに踏み込めないということは、表面的には不都合なように見えますが、実は、安倍さんにとっては都合がいい。もし、憲法改正の手続きをし、国民投票で否決されたら、そこで安倍さんは退陣しなければなりません。13年の憲法記念日のマスコミ各社による世論調査の数字を見ると、「憲法を変えたほうがいいですか」という問いに対し、大手マスコミ６社のうち、６社とも変えたほうがいいという結果になっています。ところが、各論に入っていくと、賛成・反対が逆転するわけです。憲法９条を変えないほうがいい、と回答している人が多くなってくるのです。世論も９条を変えるが多数にはなっていません。
衆参で同時に3分の2の改憲勢力が確保できたとしても、ここ1、2年の内に拙速に発議しても国民投票で否決されるおそれがあったと思うのです。だからこそ、安倍政権は、いわゆる「解釈改憲」のほうに踏み込んでいきました。解釈改憲であれば、特段、政権に直接的なダメージはありません。内閣の憲法解釈の変更を大義名分に掲げて、集団的自衛権行使を容認できれば、憲法改定と同じ効果を得られるわけです。憲法改正に先立って、自衛隊が海外でも戦争に参戦できる法的な環境が整うことが優先課題だ。むしろ、それが現状の安倍内閣の政治認識でしょうから、いまは絶好の環境なのです。もし、参議院で3分の2を取っていたら、大変だったと思います。

川口　私もそう思います。
各地の9条の会などに私も講師で呼ばれることがありますが、ときどき私が疑問を投げかけるのは、「みなさんは、9条明文改憲だけを阻止すればいいと思っているのではありませんか?」ということです。「安倍政権が狙っているのは、9条の否定なのですから、手続きとして明文改憲で行こうが、実態として9条を無効化しようが、9条を否定すればいいのです。それなのに、明文さえ守られていればいいというように思っていて、安倍政権が現在やろうとしていることについて、無関心でいませんか？」と、ボールを投げることがしばしばあります。

マスコミを通じて情報を受け取る国民の側としては、いまひとつ、安倍政権が進めている全体の流れが見えていないのかもしれません。しかし、安倍政権の狙いとそこへの道筋は、安倍政権側からきわめてはっきり、わかりやすく、ことあるごとに示されています。

半田　現在の政治の流れを安全保障の視点から見ていくと、安倍政権の狙っていることは非常にわかりやすいですね。わかる人が見れば、必ずこうするという手続きを、きれいに踏み、将来どこまで進むかということまで見えているわけでしょう。

安倍首相は憲法解釈を変更する手続きを国会で明言しています。まず「安全保障の法的基盤の再構築に関する懇談会(安保法制懇)」の報告書＊を受ける、次いで憲法解釈の変更を閣議決定＊する、この閣議決定に基づき、関連法を改正する、の3つの手続きを踏んでいく。2014年内にすべての予定が入っているのは、日米ガイドラインを年内に改定したいからです。

＊安保法制懇の報告書：2014年5月15日、内閣に対して〝集団的自衛権の行使は認められるべきだ〟とする報告書を提出。

＊集団的自衛権行使容認の閣議決定：14年7月1日、従来の憲法解釈を変更して集団的自衛権行使を容認。

川口　タイムスケジュールをかなり緻密に組んでいますよね。憲法解釈変更の閣議決定に際し、内閣法制局長官が合憲のお墨付きをださなくてはなりません。そのために外務省出身の小松一郎*氏を長官に据えた。

半田　小松氏は安倍首相が抜擢しました。長官は憲法解釈を統括する第一部の部長、法制局次長を経て就任するのが通例でしたが、小松氏はたった1日も内閣法制局で勤務した経験がない。「集団的自衛権行使を認めるべきだ」との持論が評価されたのです。

ところが、通常国会の答弁に立つと、野党から「安倍政権の番犬」と挑発され、別の議員の質問の際に「国家公務員にも基本的人権が保障されている」と反論し、決められている質問時間を勝手に使ってしまいました。国会内で議員と口論したり、「首相は国家安全保障基本法案*を提出しない」と首相の考えを忖度して答弁したりするなど、おかしな言動、行動が目立ちました。

そのくせ「集団的自衛権の定義は?」などの基本的な質問には答えられない。「憲法の番人」の資格を疑わざるを得なかった。

＊小松一郎：2013年8月、駐フランス大使から内閣法制局長官に就任。就任時のインタビューで、集団的自衛権の行使を禁じているとの憲法解釈を積極的に見直すと発言。2014年6月没。

＊国家安全保障基本法案：集団的自衛権行使を担保する新法として制定を目論んだ法律。行使容認に向けた解釈憲法を閣議決定した上で、2014年10月時点では個別法の改定を先に目指す方針に変更。巻末資料③に法案を採録。

第2章　立憲主義をないがしろにする安倍政権

4　私的諮問機関でしかない安保法制懇の改憲論

川口　自民党は、これまでの日本国憲法の下で作られてきた法体系を根本から否定し、国の形を軍事優先の社会に作り替えようとしています。そのために、明文改憲の手続きによってではなく、個別の法律を作り、憲法を無効にしようとしていますね。そのスケジュールをしっかり組んでいます。

２０１３年末には秘密保護法を可決する、２０１４年中に集団的自衛権行使を容認する解釈改憲を閣議決定で実現する。そして、自衛隊法、周辺事態法などの法改正と、総仕上げとして、いずれ国家安全保障基本法の制定を実現する。こういった「絵」を描いて、そこに向けた道筋を政界、官界、国会運営の実務慣習も平気で破りながら、強引に進めています。内閣法制局長官の人事に手を突っ込んで、法制定についてはまったくの素人の小松氏を長官に据えた。これは、多くの他の法律の答弁ができなくともよい、国民生活に関わるほかの法律を犠牲にしてでも、とにかく、集団的自衛権行使を可能とし、国家安全保障基本法さえ通せればよいのだ、という人事でした。

半田　安倍首相は、「我が国は集団的自衛権の行使は認められているか」と国会で質問されていますが、「現行憲法では認められていないが、安保法制懇（安全保障の法的基盤の再構築に関する懇談会）の報告を待ちたい」と、下駄を預ける答弁をしています。安保法制懇は、14人の有識者がメンバー＊ですが、これはまったくの私的諮問機関にすぎない。政府がよくつくる審議会は法律に基づいた法的な裏付けのある会なので、人を選ぶ際に反対論者も入れる……。

川口　6割賛成・4割反対程度のバランスを取りますね。

半田　ところが、安保法制懇には安倍首相のお気に入りが集まり、法的基盤と言いながら、法学者や憲法学者、法律家が1人もメンバーにいない。

＊安保法制懇の構成員。第1次は2007年5月から8月までで13名。第2次は、2012年12月から2014年5月に至るまで14名。
岩間陽子（政策研究大学院大学教授、国際政治学者）
岡崎久彦（特定非営利活動法人「岡崎研究所」代表、元大使）
葛西敬之（東海旅客鉄道株式会社代表取締役会長）
北岡伸一（座長代理、国際大学学長、政策研究大学院大学教授、政治学者）
坂元一哉（大阪大学大学院教授、国際政治学者）
佐瀬昌盛（防衛大学校名誉教授）
佐藤謙（公益財団法人世界平和研究所理事長、元防衛事務次官）
田中明彦（独立行政法人国際協力機構理事長、国際政治学者）

川口　西修さんがいるけれど、彼は「憲法政治学者」と言ったほうがよい。

半田　バランスが非常に悪いのは元官僚の顔ぶれ。ほぼトップにまで上り詰めた人は体制に従順。外務省へ出向し、国連日本政府代表部次席代表・特命全権大使を務めた国際政治・国際法学者の北岡伸一は、外務省と表裏一体の行動を取る。外務省は自衛隊をうまく使い、最終的には国連常任理事国入りを狙うというイケイケ路線なんですね。

憲法学者や安全保障の専門家は、比較的、自衛隊の人々の立場やわが国の世界における見られ方まで意識しますが、防衛省の元官僚と、元統合幕僚会議議長が入っているだけです。もちろん、防衛省にはもっと異なるタイプの元官僚と元制服組トップはいますが、そのような人はメンバーに入れていません。

何の権限もない懇談会の報告書を待ちたい、というのはどのような意味か、と。それは、たとえば、平等院鳳凰堂という立派な国宝の補修作業に、日曜大工が得意なおじさんたちを集めて、修繕どころか滅茶苦茶にしてしまうようなものではないか、と。平和憲法という世界の宝を台無しにしてしまう、とんでもないことをしようとしているのではないか、と。これ、よいたとえ

中西寛（京都大学大学院教授、国際政治学者）
西修（駒澤大学名誉教授、憲法学者）
西元徹也（公益社団法人隊友会会長、元統合幕僚会議議長）
村瀬信也（上智大学教授、国際法学者）
細谷雄一（慶應義塾大学教授／2013年9月から参加）
柳井俊二（座長、国際海洋法裁判所長　元外務事務次官）
（所属先は2013年9月17日公表のものによる）

でしょう（笑）。

川口　なるほど（笑）。

半田　普通は宮大工と呼ばれる優れた知識と技術をもった専門家が補修作業を手掛ける。宮大工は丁寧に時間と労力をかけますが、日曜大工は時間をかけず、知恵も技術もありません。

川口　本職でもありません。

半田　日曜大工に国の形をつくりかえてもらうという発想は、どうかしていると思います。

川口　あり得ない話ですよ。私的懇談会なので、法的根拠がありませんから。中曽根内閣時代でも、官房長官の私的諮問機関として、いわゆる靖国懇*を作るなどしましたが、憲法の芦部信喜*先生など、まさに一流の憲法学者が入っていますよね。

政権の方向性に否定的な人たちも、それなりに入れて、しっかり議論する。国家にとって重大な問題であれば、当然の配慮です。そのような形で、憲法で議論が生じる問題について、これまではバランスを取っていました。

しかし、安倍首相には、そのような当然すべき配慮もまったくありません。

＊靖国懇：閣僚の靖国神社参拝問題に関する懇談会。1985年報告。林敬三、芦部信喜、梅原猛、江藤淳、中村元、林修三など。内閣総理大臣その他の国務大臣の靖国神社参拝の在り方をめぐる意見をとりまとめた。

＊芦部信喜：1923年〜1999年。法学者。専門は憲法学。日本学士院会員、文化功労者。護憲派の学者団体の全国憲法研究会代表、国際人権法学会理事長を歴任。著書『憲法』（岩波書店）など。

法的基盤と言いながら、法律問題としてまともに議論できる人がいない。極めて特殊な一部の「私的な懇談会」の議論に国家の趨勢が左右される、という事態は、法治国家として、あり得ない話ですね。

半田　安保法制懇のやりとりで、憲法9条1項が話題になり、「国権の発動たる戦争と、武力による威嚇又は武力の行使は、国際紛争を解決する手段としては、永久にこれを放棄する」と書いてあるが、自分たちが認めようという集団的自衛権は、国際紛争を解決する手段として行使するものではないというのが、全員一致の意見だと言うのです。

戦争が起こっている状態を鎮圧するための集団的自衛権の行使はまずいが、戦争状態でなければ、日本が当事者になった国際紛争が起きていないために憲法違反ではない、と言っている。また、集団的自衛権の行使は、国権の発動でもないと言っています。つまり、日本の都合でおこなう戦争でなく、国際的なトラブル解決のために乗り出していくものだから憲法違反ではない、という主旨のことを言っている。

そのような珍解釈を今まで内閣法制局がしていたのか、と。元法制局長官の阪田雅裕＊さんは、「これまでの内閣法制局の解釈が間違っていたと言うな

＊阪田雅裕：第61代内閣法制局長官（小泉内閣時代、2004年から2006年）、弁護士。

ら、どこが間違っていたのかを指摘してほしい」とおっしゃっている。安保法制懇のメンバーにはまともに法解釈をする知恵も能力もないわけでしょう。そのような人々が滅茶苦茶にした憲法解釈を報告書と言うわけですね。それを閣議決定の前提とする……。

川口　これからの進め方として、法制懇の報告書を閣議で了解し、その報告書に示されている「集団的自衛権行使」について「閣議決定」する。その後に、内閣から法制局長官に対して「この閣議に基づいて、基本法案を作成せよ」という指示をする。

さらに、内閣法制次長*に対して、憲法の審査をする法制局第一部で、国会の想定問答*を作成させる、第二部か第三部で、安全保障の基本法などの策定審査をする。防衛省は安全保障の基本法の検討を外務省と一緒にやっていくことになるのではないか。

一方で、集団的自衛権行使を前提として、周辺事態法などの個別法の法改正を積み重ねていき、仕上げとして国家安全保障基本法の制定をしてくる可能性もあります。個別法の改正は、まず何と言っても「武力行使の一体化」の基準の廃止が狙いです。これによって、実質的な集団的自衛権行使につな

＊内閣法制次長：事務次官待遇。

＊政府作成の想定問答：巻末資料①参照。

げていくと考えられています。

もっとも、内閣法制局のスタッフが、唯々諾々と内閣の指示に従っていくかはわかりません。立憲主義を支える、という矜恃を内閣法制局の参事官たちがもっていれば、そうすんなりと事が運ばない可能性もありますが、こればかりはわかりません。憲法によるしばりが内閣に及ばなければ、立憲主義でないわけですから、ここで、内閣法制局ががんばらなければ、立憲主義を行政内部で担保する機関としての内閣法制局の存在意義はなくなってしまうでしょう。まさに、立憲主義の危機です。

5 立憲主義の危機

半田 最近、自民党の石破茂幹事長が憲法解釈は歴史的にみても変わっているということを言い出しています。かつては首相の吉田茂*も交戦権はないということを言ったこともあります。ただし、後に撤回している。あまり憲法の持つ意味が理解されておらず、自衛隊はどのような姿になっているかも明確にわからない時代の発言でしょう。

*吉田茂：1878年～1967年。内閣総理大臣（第45・48・49・50・51代）。

80年代頃になると徐々に落ち着いてしっかりとした解釈が示されるようになりますね。自衛隊が海外に行くようになって武力行使と武器使用の定義が分かれたり、「武力行使一体化論」や、非戦闘地域の定義など、相当、憲法9条の枠の中でできること・できないことが突きつめられて検討されたという足跡が明らかにありますよね。

たとえば、自衛隊が国連平和維持活動（PKO）に参加したり、アメリカが日本の周辺で戦争をする際、どこまで協力できるのかなど、具体的なオペレーションに対して、内閣法制局が見解を示し、従来の内閣はその見解を尊重するという形で、自衛隊のアクションの上限を定めてきました。憲法解釈は、おそらく「洗練」されてきたと思います。これ以上、延び切りようがないところまで延びて天井をうったというのが現在の憲法解釈です。

これまで内閣法制局が憲法解釈を見直した例は、「文民」条項*の見直しの1件のみですね。当初、「自衛官は文民であるから防衛庁長官への就任は可能」としていたのを、「自衛官は国務大臣には就任できない」と変えた。内閣法制局によれば、憲法解釈を変更したのは、この1件だけというのです。

川口　そうですね。「解釈」の変更が許されるとしても、あくまでそれは憲

＊文民条項：日本国憲法第66条第2項には、「内閣総理大臣その他の国務大臣は、文民でなければならない」とある。

法の枠の中で解釈が許される範囲です。ある憲法の条項の解釈でA・B・Cと論理的には解釈しうる、というときに、その中でこれまではAとしてきたものを、Bへと解釈の変更をしていく、ということは一般論としてはあり得ると思います。

ただし、それは、あくまで憲法の枠の中の解釈の幅の話です。憲法上の解釈として、A・B・Cは認められるが、Dは憲法上ダメだ、その解釈は憲法違反だとされてきた場合、今日からDも良しにします、というのは許されない。これまで憲法違反とされてきたことを一政府の都合によって、一方的に合憲にしてしまうことは、許されることではありません。

たとえば、昨日まで「赤信号は止まれ」だ、と言っていたものを、政府の都合で、「今日からは、一部の人達だけは、赤信号も青信号と一緒で止まらなくていい」と宣言するに等しいものです。そのようなことが許されては、法体系の安定性も確保できず、法治国家としての基盤が崩れます。

半田　盛んに安倍内閣が強調するのは、日本を取り巻く安全保障環境が急速に悪化している、と。このままでは日本の独立が保てない、危機的状況であるということを理由に憲法を読み換えようというわけです。

これはまったくレベルの異なる問題をごちゃ混ぜにして、一内閣の政策判断を憲法判断より優先させるものです。憲法がどのような形であろうが、政策判断を最優先するということになれば、憲法はないものと同様です。

川口　憲法のしばりをなくすということですからね。現在の一連の流れを見た際、国家安全保障会議*も秘密保護法もそうですが、自民党政権が進めている政策には、軍事力を国家の中枢に据えていく発想が根底にあります。

人権についても、軍事力や国家秩序の下に置く、国家や秩序に、個人の人権は劣後する、という発想です。自民党の新憲法草案*にはそういった自民党の発想が端的に表れています。

いまの憲法でもっとも大切なことは、「個人の尊厳」です。一人ひとりが個人として尊重される豊かな社会をつくりましょう、ということが憲法の精神の根本にある。日本国憲法は、個人の尊厳に価値を置き、個人の尊厳を守るために国家がある、という発想です。国家が国民の先にあるのではない。

しかし、安倍政権の発想の根底には、国家、秩序を最優先するという観念があり、憲法の価値観との大きな断絶があります。国家を優先し、個人の尊厳を踏みにじる最たるものが戦争です。太平洋戦争が終わるまで、日本は、

＊国家安全保障会議：National Security Council。２０１３年12月、安全保障会議が国家安全保障会議に再編。主任の大臣および議長は、内閣総理大臣。４大臣会合、９大臣会合、緊急事態大臣会合の3形態の会合がもたれる。14年1月、国家安全保障局（事務局）が発足。50ページ参照。

＊自民党の新憲法草案：自由民主党憲法改正草案。自民党が２０１２年４月27日付で出した日本国憲法の改正草案。

一人ひとりが尊重されない社会でした。その反省から、日本国憲法は、個人の尊厳を第一とし、基本的人権を保障したのです。

半田　基本的人権の尊重ですよね。

川口　憲法13条の個人の尊厳がまず第一にあり、一人ひとりが尊重される社会の実現のためにこそ、人権というものがある。しかし、戦前には個人の尊厳も、基本的人権も認められていませんでした。あくまで天皇の下にある「臣民の権利」が認められていただけです。

天皇制や国家秩序の下に「臣民の権利」があっただけでは、結局、容易に国民の権利や自由、たとえば、表現の自由や人身の自由などが制限されてしまった。その結果、戦争を食い止めることができなかった。

その反省から、日本国憲法では、臣民の権利ではなく、人が生まれながらにして有している天賦人権*という人権論にしっかり立脚し、先進諸国と同じ人権の価値観を初めて共有する国家となりました。天賦人権、人は生まれながらにして基本的人権を有しており、それは何人によっても、時の政府や天皇によっても侵すことができない、ということをきちんと謳った。

しかし、自民党憲法改正草案は、その天賦人権思想から否定します。一人

*天賦人権：すべて人間は生まれながらに自由かつ平等で、幸福追求の権利をもつ。ルソーなどの18世紀の啓蒙思想家が唱え、アメリカ独立宣言やフランス人権宣言の骨格になった思想。明治初期に福澤諭吉・植木枝盛・加藤弘之らの民権論者が広めた。

ひとりが尊重される社会の基盤を否定し、天賦人権論が日本に合わないからと否定し、憲法で権力をしばることについても立憲主義という概念自体を根本的に否定してくるわけですね。

立憲主義なんて教科書でも読んだことがないなどと放言した東大法学部卒の政治家もいますが、きちんと憲法の教科書を読んでいないだけです。憲法の入門書ならどんな薄い本にもいちばん最初に書いてあります。立憲主義を聞いたことがないなら、憲法を勉強したことがないことを公言しているに等しい。

半田　自民党憲法草案の中に、公益及び公の秩序というのが何度か登場し、それによってしばられるのが知る権利や基本的人権です。戦前の臣民と同様、天皇や国家権力の下にしか国民は位置づけられていない。自民党憲法改正草案の中では国民はその程度の存在です。

川口　国家権力の利益・判断が優先されるわけですよね。利益があるかどうかの判断は国家権力側がする、人権侵害かどうかの判断は国家権力がする、裁判所もしませんし、できません。権力側が人権を制限していいと判断すれば制限される。天賦人権がないとすれば、人権を決めるのは政府ですから。

半田　大日本帝国憲法、教育勅語、戦陣訓、治安維持法、国家総動員法など国家主義のもとで国民を押さえつけ、戦争が遂行され結局、230万人の日本兵が亡くなっています。歴史学者によれば、6割が餓死だった、と言いますね。

川口　戦争の実態としては餓死が多いですね。

半田　フィリピンやガダルカナル島の戦いは、餓死ばかりです。それも1944年時点で戦争をやめていれば、死者は100万人は少なかった。最後の1年間で100万人以上が、しかも多くが餓死で亡くなっています。それだけ人命軽視ができたということは、人権を軽視してよい国家体制の中に軍人、軍属、国民がいたからで、軍というのはいくらでも国民の命を無駄遣いしていいのだ、作戦の軍事的合理性なんてないんだ、俺がやれということが天皇の命令で、それ自体が作戦だ、という思想がまかり通ったわけです。

　そのようなことの反省から、日本国憲法が生まれているにもかかわらず、過去を全否定し、戦前のような国に戻そうとする、その心は何か……。わかりません。

6　自民党が進める平成の「富国強兵政策」

川口　自民党の憲法改正草案は、人命・人権の軽視が顕著です。あからさまな上から目線で憲法を作り替えようとしているように思います。国家を守る、ということを強調し、戦争で若い人の命を犠牲にすることは平気なようです。しかも、自分たちは命令し、守られる存在だという特権意識があり、政治家が、国民に対して何をすべきか、という発想は極めて微弱です。

「人権なんて、わがままだ、目上の人の言うことをしっかり聞け」という価値観は、いまの日本社会の中でも少なくない価値観で、とくに、「近頃の若いもんは」と若者批判を飲み屋でするおじさん方が共感しがちな価値観でしょう。

しかし、その価値観のままに、国家が運営されては、自由な発想はつぶされ、民主主義も機能せず、社会は活力を失って衰退していきます。TPP*の強行をみても、安倍政権が進めている政策に共通しているのは、一人ひとりの、人間らしい生き方を省みず、上から目線の、1つの価値観を国民に押し

*TPP：環太平洋戦略的経済連携協定。

つけようとしている、国家主義の路線ですね。

国際経済学の浜矩子さんは、安倍政権の政策を軍事的に強い国家を作り、そのために経済力を強くする、富国強兵政策だと批判していますが、まさにそのとおりだと思います。富国強兵政策の破綻の歴史を再びくり返そうとしている。

半田　その結果、できあがる国は、権力者と富める者が国の支配層になり、大半の国民は苦しい生活を余儀なくされます。

考えてみると、本来の保守とは現在の体制を極力守り、より多くの国民の幸せを願うことが基本ですよね。

川口　自民党は保守政党とは言えなくなった。ＴＰＰに反対する弁護士ネットワークを立ち上げ、自民党の一部の議員とやりとりをしていますが、少なくとも安倍政権は、本来の保守政権ではないという声が聞こえてくる。自民党はかつての自民党ではなくなったと、支持層の中にも居心地が悪いという人がいると聞きます。

半田　かといって革新というと真の革新政党に失礼な話です。革新をするのだと言って、破壊という旗を掲げて、秩序をすべて壊していきます。これは保守ではない。革新とも言えない。どのような言葉で評価を下したらよいのか。しかも、目指すものとして新たな「国体」が出されている。一部の支配層と金持ちのための日本。この国家をどのように言えばよいのでしょうか。

川口　哲学研究者で武道家の内田樹氏が、「TPPで日本を株式会社化しようとしている」と批判していますが、むしろ、1億総ブラック企業化を目指していると言ったほうがさらに正確かもしれません。とくに、ワンマンの社長がいて、「俺の言うことに従え」と即断即決し、社員教育も徹底して会社のために働くことを植え付ける。自由にものを考える時間も与えず、働かせるだけ働かせて、利益を吸い尽くしていく。その労働環境について来れない者や、従わない者は切り捨てられていくだけです。いまの政策を続けていく先にあるのは、日本全体のブラック企業化ではないか、と思います。そして利益を受けるのは一部の金持ちだけ、です。

半田　2014年4月から消費税が3パーセント上がって8パーセントになりましたが、企業に対して復興特別税*の課税をやめ、法人事業税を元に戻すことで、消費税アップで増収になる5兆円のうち3兆円を企業に流すと言っています。消費税を上げることで国民の金を吸い上げ、企業に回しているだ

*復興特別税：東日本大震災の復興財源を賄う臨時増税。個人住民税（地方税）に年1000円、所得税は2013年1月から25年間、2.1パーセント加算されている。企業が負担する復興特別法人税は、14年3月末、1年前倒しで廃止された。

け。２パーセント分の消費税は、企業に還元して、１パーセント程度しか国の財政に入りません。

川口　所得の再配分機能は、日本は他国に比べ非常に低いと言われています。アメリカよりも再配分機能が低いという結果も出ています。日本では所得の再配分の仕方を誤っている。富める者からそうでない者に再配分するのではなく、富めないものからも広く収奪しておいて、さらに富めるところに逆の再配分をしています。

アベノミクスの経済効果の中で、よく大企業から景気回復し、その後、トリクルダウン*で中小零細へ、という議論がされますが、日本ではトリクルダウンは市場の中ではほとんど起こらず、政府による所得の再配分機能も働かせようとしない。それどころか、さらに、もっと効率よく、富める者に富を集積しようとしている。

いずれ、格差の拡大が顕在化し、治安が悪化していく可能性があります。その際、デモなど社会批判の行動を押さえつけていくために、自衛隊を治安維持要員として有効活用していくことも、９条改定の狙いとしてあると思います。

＊トリクルダウン理論（trickle-down theory）：「上が富めば、下にも恩恵が自然に浸透（トリクルダウン）する」という経済思想。新自由主義の代表的な主張の１つ。レーガノミクスがその典型。富裕層の所得税や法人税の最高税率引き下げなどの理屈として主張される。

憲法改定の先取りである国家安全保障基本法案*でも、自衛隊の治安出動を明記しています。対外的に自衛隊を戦争に送り出すだけでなく、国内の国民を押さえつけていくことも念頭に法改定を進めようとしています。

ですから、「9条を否定して海外に戦争へ」という面だけでなく、この日本社会の中心に軍事力を位置づけ、ものを言えない社会に作り替えていこうとしているのだと思います。少なくとも自民党の憲法改正草案や、国家安全保障基本法を実現すれば、否応なしに不自由な社会になっていきます。

7　アメリカとの軍事的一体化と秘密保護法

半田　そこへ向かう第一歩として、2013年の11月に国会で成立してしまった、日本版NSC（国家安全保障会議）があります。2014年1月には事務局である国家安全保障局が発足しました。

これはアメリカのNSCをモデルにしていて、アメリカの場合、大統領・副大統領・国務長官・国防長官で、日本は首相・官房長官・外務大臣・防衛大臣ですよね。まさにうり二つです。

＊国家安全保障基本法案：第8条（自衛隊）。外部からの軍事的手段による直接または間接の侵害その他の脅威に対し我が国を防衛するため、陸上・海上・航空自衛隊を保有する。2 自衛隊は、国際の法規及び確立された国際慣例に則り、厳格な文民統制の下に行動する。3 自衛隊は、第一項に規定するもののほか、必要に応じ公共の秩序の維持に当たるとともに、同項の任務の遂行に支障を生じない限度において、別に法律で定めるところにより自衛隊が実施することとされる任務を行う。
全文は巻末資料③参照。

よく言われることですが、アメリカのNSCはなぜ、イラク戦争で、大量破壊兵器がないにもかかわらずあると読み違えたのか。

アメリカは日本と異なり、情報収集のための機関が非常にしっかりしています。CIA（中央情報局）、DIA（国防情報局）、FBI（連邦捜査局）という国内を対象にした情報収集機関があり、スノーデン氏の暴露ですっか

■日本版NSCの図

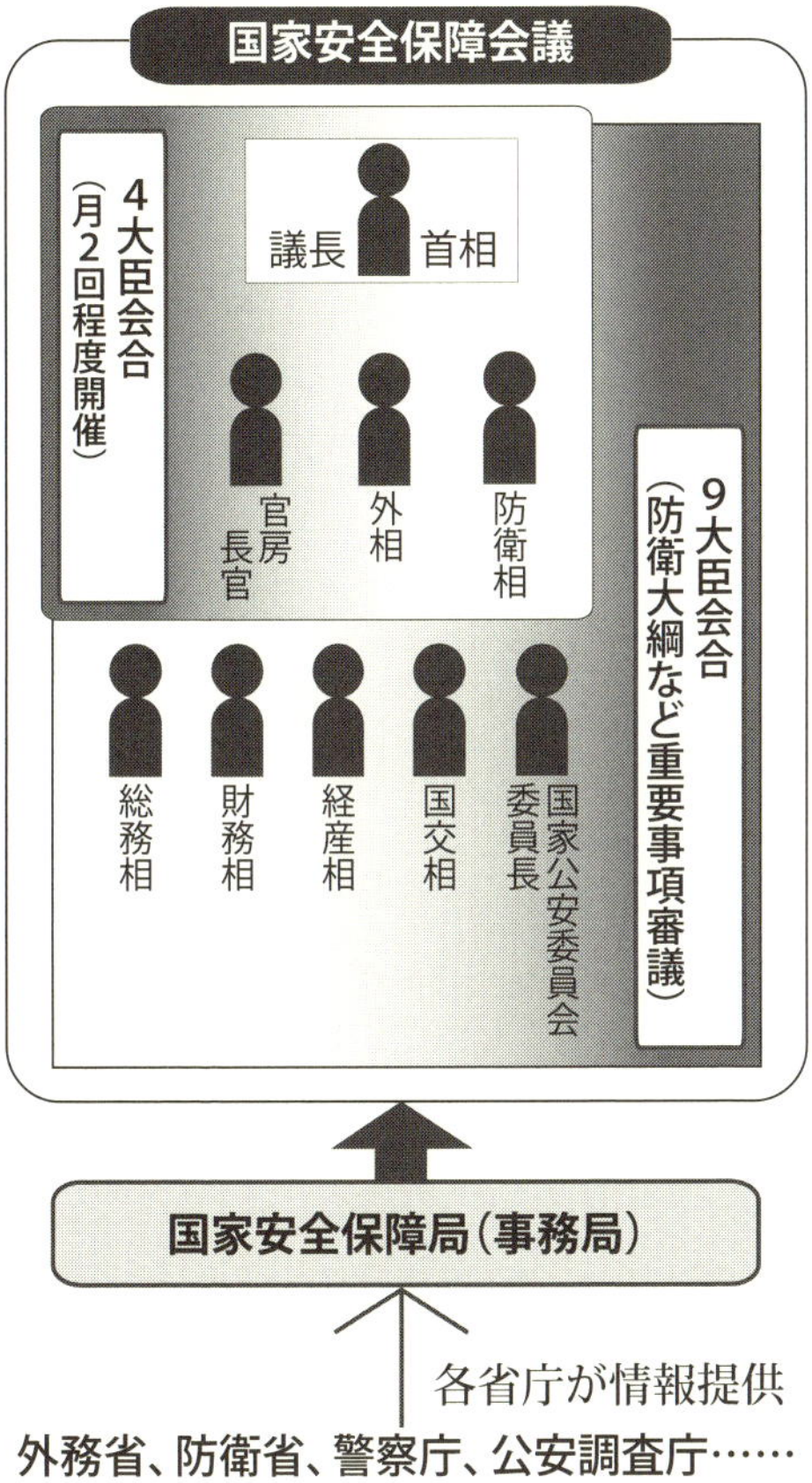

り有名になった国家安全保障局（ＮＳＡ）もあります。それらに所属する、エージェントと呼ばれる専門職の情報収集屋、スパイを大勢抱えています。

さらに、アメリカでは日本にはない優れた性能の偵察衛星も稼働しています。日本は、せいぜいアメリカの民間企業が入手できる程度のあまり解像度のよくない画像しか得られない衛星を4基保有しているだけです。

アメリカは国際情勢の必要に応じて、衛星を打ち上げます。たとえばイラク情勢が不穏な動きをしているとなれば、イラクの上空を監視できる衛星を上げて地上の動きを把握します。普段でもＫＨ11・ＫＨ12などの衛星が飛んでいます。

先ほどの疑問ですが、それだけ情報を収集できる機械やスタッフが揃っていながら、なぜ、事実を見誤ったのかです。

官僚は、トップが好む情報を上げたがります。２００3年3月のイラク侵攻のときは、ブッシュ大統領、チェイニー副大統領、ラムズフェルド国防長官、パウエル国務長官の4人が中心でしたが、この中でハト派と言われたのは、逆説的ですが軍人だったパウエル1人で、あとの3人はネオコン*にカテゴライズされます。ネオコンというのは好戦的で、なおかつ企業と結び付い

*ネオコン：アメリカの新保守主義（ネオコンサバティズム）。保守派の政治イデオロギーの1つ。

て利益を図る戦略で勢力を拡大してきた。チェイニーはアメリカの大企業ハリバートン社の筆頭株主で、子会社のＫＢＲ*はイラク戦争が起きた後、軍の建設と輸送を一手に随意契約で引き受け……。

川口　売上をぐーっと伸ばしました。

半田　そして、ハリバートン社の株が上がり、チェイニーはおおもうけをします。妻のリン・チェイニーさんは軍需企業世界最大手のロッキード・マーチン社の役員でした。

川口　イラク戦争をしたことによって、おおもうけですよ！　狙ったかのように。

半田　ラムズフェルドは世界一の軍需産業であるロッキード・マーチン社と関係が深いランド研究所の理事でした。この研究所はイラク情勢についてのレポートを出したり、日本に対してはミサイル防衛システムの導入を促すレポートを出しています。日本は２００３年12月にミサイル防衛システムを入れます。

結局、イラク戦争でロッキード・マーチン社のＦ22やＦ16などの戦闘機がどんどん使用され、多量のミサイルが打ち込まれ、軍需産業関連がおおもう

*ＫＢＲ：ケロッグ・ブラウン・アンド・ルート。ヒューストンに本社を置く民間軍事会社。

けをする。アメリカのNSCのメンバーは軍需産業と表裏で一体化しており、戦争によって私腹を肥やすことができる。

官僚たちは、このような人々にとって耳触りのよい情報を選んで上げていって、これによって戦争がお膳立てされたという背景がイラク戦争にはあります。

アメリカのNSCの欠陥は、少ない構成メンバーですから、似た者同士で集まってしまう、たった4人で、属人的な要素によって国家の方向性が決められてしまうことですね。

日本の旧来の「安全保障会議*」は、9人の閣僚が構成メンバーで、これを安倍内閣に置き換えると8人の自民党議員と、公明党の太田昭宏国土交通大臣だった。おそらくアメリカの4人の議論よりも幅があったはずです。

現在、国家安全保障会議の議長は安倍晋三内閣総理大臣ですから、これはイケイケドンドンです（笑）。菅義偉官房長官が、首相が無鉄砲な発言をした際のブレーキ役となり、事実上の政権のコントロールタワー。あとは岸田文雄外務大臣と小野寺五典防衛大臣。2人は、いわゆる旧宏池会（現岸田派）の親分・子分です。この似た者同士の4大臣会合で話し合っても、硬直化し

＊安全保障会議：2006年、第1次安倍内閣に日本版NSCの創設を提唱。2007年12月、福田康夫により撤回が決定された。第2次安倍内閣下、2013年12月に安全保障会議が国家安全保障会議に再編、2014年1月、事務局である国家安全保障局が発足した。

た結論しか出ないため、ダメなのです。

川口　中国の最高指導部は常務委員ですが、これまで胡錦濤国家主席を含む9名のメンバーだった。「チャイナナイン」と呼ばれて中国を動かしていた。12年、習近平氏が総書記としてトップに立って、常務委員の数自体が9名から2名減って7名になった。しかし、9人であろうと7人であろうと、あえて奇数にしていることには意味があります。議論をし、意見が割れることを前提に、最終的には過半数で決せられるように、偶数でなく奇数にしている。中国は非民主的な国家ではありますが、人間の不完全さを前提に、しかも議論を尽くしても結論が分かれることを前提として意思決定のシステムを作っている。

　これに比して、現在の安倍政権には人間の判断というのは誤ることがあるということへの警戒心というか、謙虚さがまったくありません。民主的に議論を積み重ねていくことへの配慮もなければ、意見が分かれるということを前提とした配慮もない。安倍晋三という個人が、物事に真摯に向き合い、意見が異なる人たちと真剣な議論を重ね、その中から感性や考え方を鍛え上げてきた体験がないのではないか、と思います。ものごとから真摯に学ばず、議論もせず、最初から思い込んでいる結論を自分の思うままに実行していく。そのためには、強弁も詭弁も、破綻していることを承知で自説をくり返すことを厭わない。

ごく少数の同質の構成メンバーでの国家安全保障会議が、今後どのような方向に進んでいくか、強い危機感を覚えます。もちろん、事務局には多くの官僚が入ったようですが……。

半田　国家安全保障局*が67名で発足しました。ここが事務局の機能を担います。

川口　警察官僚が多くなっていますね。

半田　今も将来も、日本にNSC、国家安全保障会議ができたからといって、アメリカ側からこれまで隠していた情報がドッと来ることはありません。

自衛隊関係者によれば、イラク派遣の際、アメリカ政府は need to know で、知る必要に応じて情報を出したり、絞り込んだりしたそうです。自衛隊がイラクに行くと決まればイラクの治安情勢に関する必要な情報を提供し、撤退するとなれば情報の提供をストップする。日本がアメリカに協力的になるにつれて情報を出し、そうでなければ情報を出さないという仕組みになってい

＊国家安全保障局：2014年1月7日に67名体制で発足した。初代局長には外交官出身で内閣官房参与を務める谷内正太郎が就任した。局内は6班からなり、防衛計画の大綱や国家安全保障戦略など中長期的な安全保障政策を担当する「戦略企画班」、機密情報を扱う関係省庁など政府内での連絡調整をおこなう「情報班」などに分かれている。

ました。日本に国家安全保障会議ができたからといってアメリカからの情報提供のやり方は変わらないでしょう。

川口 国家安全保障会議の危険性は、秘密保護法との関連で、政府によって内外の秘密が一元的に管理されてしまうという、情報分野での危険性だけでなく、その存在自体が危険性を内包しています。国家の安全保障に関わるということで、軍事的な政策決定がそこで一元的に検討され、国会のコントロールがおよばない数人の秘密会議で国の方向が決められてしまいます。

事務方の国家安全保障局は、警察・防衛省・外務省の官僚によって構成されるため、当然入ってくる情報に偏りがあります。たとえば、国際関係の情報は通産など、他の局がさまざまな情報をもっていますが、その情報は検討されることなく、一定の判断が下されてしまいます。しかもアメリカとの連携強化が前提になっていますから、各国との多面的な関係を多方面からの意見を踏まえて検討がされるというわけでもありません。これは危険な組織だと、さまざまな識者から指摘されていますが、そのとおりだと思います。

半田 警察、防衛、外務から派遣されたスタッフが実務をするのですが、この人たち自身が情報収集活動をするわけでなく、集まってくる情報を整理し、どれを情報として上げるかを判断するわけです。国家安全保障局に組み替えられてもスタッフは増えていません。いままでと変わらず、集まってくる情報の提供先はアメリカ。いちばん重要な情報はアメリカからの、とくに日本がもっていない偵察衛星の情報がポイントになります。

じつは日本は、ロシアと北朝鮮、中国の軍事通信はかなり正確に傍受できています。たとえば、アメリカから北朝鮮のミサイル発射場の衛星写真を見せられたとき、「この発射台にはミサイルが載っているでしょう」と説明を受けても、北朝鮮の通信を傍受、ミサイル搭載のやりとりを把握しているので、撮影の日時が特定されていれば、写真の真偽を判定できます。

このように日本の近場にある軍事施設の画像であれば、防衛省情報本部で真贋を判断できますが、イランやイラクの衛星写真を提供されて、この写真からどのような情報を汲み取るかとなると、とてもではないが、そのような情報分析能力は日本にはありません。中東にどれだけの外交官がおり、密度の濃い現地情報を収集しているかという情報活動の話になると、アメリカから情報をもらう以外手立てがないと言わざるを得ません。

たとえば、アメリカがある意図をもって、1年前の衛星写真を示して、「ここにミサイルがあるでしょう。このイランのミサイルをたたかないと危ないのですよ」と言われても、その写真の真贋も、それに基づく情報分析*が正しいものかどうかも、日本には判断できません。

国家安全保障会議は、そもそも、日本のもっている情報収集体制の脆弱性をカバーできないうえに、数人で判断して、方針を決定するというデメリットのほうが、圧倒的に大きいと思います。

川口　彼らの思考は悲しいほどにアメリカに従属しているように映ります。「アメリカから情報をもらえる特権階級に、自分はなりたかった、俺たちは特別な存在だ」ということを対外的に示すために国家安全保障会議を作ったようなものです。

半田　情報は、ごく一部の者が排他的に管理することで価値が高まりますからね。

川口　アメリカとの関係をより深め、自分たちが国家と国民をコントロールしていくという発想でしか物事を見ていない。国民はまったくないがしろにされているという気がします。

半田　日本版ＮＳＣ設置にあたり、情報漏洩を防ぐために、秘密保護法が必

＊情報分析：イラク攻撃の国際的な口実になった大量破壊兵器の存在情報も操作された偽情報だった。

要だと盛んに主張されましたね。その例として安倍首相が出したのは、情報を漏洩した場合の罰則が、自衛隊法でしばられている人は5年以下の懲役で、国家公務員法では1年以下のために、処罰のバランスが取れない、だから秘密保護法が必要だというものでした。アンバランスなら、どちらかの刑罰を重くするか軽くするかして釣り合いを取ればいいだけのことです。

また、なぜか、外交と安全保障の分野以外に、スパイ行為が処罰の対象になっている。特定秘密を扱うスタッフの秘密漏洩に関する罰則の公平化が必要だというのであれば、それぞれの法律を変えればよいだけですが、なぜ広く国民全体に秘密漏洩を防止する法律を被せるかというのがよくわかりません。さらには、「その他」という曖昧な規定がたくさん出てきます。

川口　40万件が特定秘密の対象になる情報だと聞きますが、どこが言っている数字なんでしょうか。政府側でしょうか。

半田　42万件と、政府が発表しています。ほとんどが内閣官房の情報で、防衛省が3万7000件。

川口　これだけあいまいな法律にもかかわらず、法律が施行される前から、出さない情報を決めているということは、出したくない情報をすべてこれに入れているという話ですよね。

半田　法律では行政機関の長が特定秘密を決めるといっても、たとえば防衛大臣が何万件もの情報を判別できるわけはなく、官僚が決めるわけですよ。官僚にとって都合の悪い情報、判断に迷うものは秘密にしておけというわけです。

川口　秘密保護を理由に、何でも秘密にしてしまう。江田憲司さんが反対しましたが、正しいと思います。秘密保護法は、官僚を肥大化させますよね。

半田　秘密とされる期間も30年が60年に拡大されてしまった。

川口　官僚にとって都合の悪い情報は出さない、官僚が決めるわけです。第三者機関を設置したとしても、40万件もの秘密指定を検討できるはずがありません。

半田　防衛省には3万7000件の「防衛秘密」のほか、「指定前秘」という分類がある。実際、「指定前秘」という判子があり、おそらく外に出すのはまずかろうというものには、ひとまず「指定前秘」という判子をつき、将来的に振り分けることにする。一旦はすべて秘密にしてしまえというわけです。

通常、防衛省の秘密といえば、MDA法*に基づく「特別防衛秘密」と「防衛秘密」「省秘」「注意」ですが、これのどこにもあてはまらず、じつは数さえ誰も知らない「指定前秘」という分類があるのです。

では、後でこの秘密指定が解除されるかと言えば、振り分け作業が面倒ですから、つまりは秘密にしたままで放置していても官僚は何の痛痒も感じないので、結局、表に出てこない文書が山のように隠れているわけです。

川口　それはいまおっしゃった3万7000件以外のものですか。

半田　それ以外です。もう、全部と言っていいくらい、問題になりそうな文書は官僚に身の回りで隠されたり、処分されたりしています。

アメリカの官僚と日本の官僚の意識の違いでしょうか。基本的に、アメリカの官僚は国民に代わって国の行政を担っているという立ち位置ですが、日本の官僚は能力の高い俺たちが国の舵取りをするので言うことを聞け、という意識がある。お上意識、命令する立ち位置を取りたい。官僚と国民との関係に対する考え方が大きく異なっていますね。

川口　封建社会の官僚の立場や意識ですね。

半田　アメリカ政府に対して情報開示請求をして驚くのは、報道機関や研究

*MDA法：日米相互防衛援助協定等に伴う秘密保護法。日米同盟に関する特別防衛秘密について、特別防衛秘密を取り扱う国の行政機関の長は保護上必要な措置を講じることを規定した法律。

者、学生に対しては、コピー代をアメリカ政府持ちで無料で送ってくれることです。情報はすべて国民の財産であり、原則として公開すべきであるという考え方をしていて、相手が外国の研究者やマスコミであってもオープンであるべきで、奉仕すべきであると考えています。

川口　国家権力は国民のためにあり、公務員の仕事は国民から負託を受けておこなっているわけです。社会契約論的に言えば当たり前ですが、欧米には市民革命を体験したことから国民主権の発想がきちんとあるわけですよね。日本ではいまでも、国家公務員は自分の仕事を「宮仕え」などと言いますが、冗談でもこのような言い方をすべきではないのです。

半田　「俺たちは、お上に近い存在、もしくはお上の一部」だと思っているため、国民に代わって文書を作っている、保管しているという思いがゼロですね。よく指摘されるように、秘密指定が解除された文書を公表せずに廃棄してしまうということが、起きてくるわけです。

アメリカへ情報公開請求をするときは、どこの在日アメリカ軍基地でもいい、そこの事務局に連絡を取れば応対してくれます。電話でもメールでも受け付けてくれます。

川口　日本は面倒くさいですよね。

半田　原則非公開、例外的に見せてあげるという立場です。足を運ばなければ、申請自体を受理してくれません。

沖縄密約に関する文書がアメリカの公文書館にあることを、琉球大学法文学部の我部政明教授が見つけたらすぐに公開されて、翻訳して日本で初めて紹介して、毎日新聞記者だった西山太吉*さんの「沖縄返還にあたって日米に核持ち込みの密約があった」という主張が正しかった、という話になります。ところが、そうした状況でも、日本の外務省は沖縄密約の公文書はないと言っている。嘘を言っているのか、捨ててしまったか、隠しているか、どちらかしかありません。

川口　秘密保護法で問題なのは、たとえば、航空自衛隊の輸送活動実績の開示文書の保存期間は5年ですから、秘密指定の期間が30年だろうが60年だろうが、そもそも5年で破棄されてしまえば、意味がありません。

半田　5年を超えた書類は破棄することが問題ですね。保存期間の5年間は、防衛上、外交上などの配慮から秘密にするというのであれば、5年経ったら公文書館に移行して、国民に公開し、その間に防衛政策、外交政策に対する

＊西山太吉：元毎日新聞政治部記者。1972年、沖縄返還時の日米間の密約について、外務省の女性事務官に秘密漏洩を唆したとして、東京地方検察庁特別捜査部が逮捕・起訴。一審判決では無罪判決、控訴審で有罪判決、1978年に棄却され刑が確定。2000年、密約を裏付けるアメリカの公文書が発見され、国家賠償法に基づく賠償請求訴訟を提起。東京地裁は、訴訟を起こせる期間を過ぎているとして、請求を棄却。2009年、取り消しと開示決定及び賠償を求めて提訴、一審勝訴。2011年の二審では文書開示の請求は棄却された。

国民の批判を仰がなければいけません。保存期間に関する解釈が誤っていますね。

川口　2004年以降の自衛隊のイラクにおける活動の関係書面を09年に情報開示請求して、開示させましたが、14年のいま、情報開示請求をしても保存期間を経過しているので、もう廃棄されているという理由で出てこないでしょう。

そこに秘密保護法がオーバーラップしてくると、9条に関わるような情報については、一切と言っていいほど私たちは知る術がなくなってしまいます。真実・事実を覆い隠していくという安倍政権の目論みによって、一連の法律が作られていますね。

半田　単に隠すのみでなく、不都合を隠すというおそれがあります。

イラクに自衛隊が派遣された2004年の2月、私はイラク南部のサマワで陸上自衛隊の取材をしていましたが、先遣隊が宿営地建設を手伝っている最中に本隊がやってきてしまった。

どうして宿営地が完成しないのか、どういう状況なのかと陸上自衛隊の幹部に尋ねたら、「日本の専門商社が受注し、完成していなければならないのに、

■自衛隊のイラクにおける活動について情報開示した関係書面
最初は黒塗りだったが、後に全面的に情報開示された。

開示前

緊急区分	取扱区分
ウナ 至急	

1
~~「注意」~~
支援集団運1第370号
18．11．1

統合幕僚長　殿
（運用第2課長気付）

航空支援集団司令官

週間空輸実績（報告）（自発報告）

実施期間	運航日数
18．10．23（月）～10．29（日）	4

1　人員

月日	発地	着地	所属（要求元）	人数	備考
[redacted]					

統幕　18.11.-1　第3450号　第1907号

分類番号：C－20－090
保存期間：5年

整理番号	147	小隊長	
保存期間	19.22		

開示後

緊急区分	取扱区分
ウナ 至急	

1
「注意」
支援集団運1第370号
18．11．1

統合幕僚長　殿
（運用第2課長気付）

航空支援集団司令官

週間空輸実績（報告）（自発報告）

実施期間	運航日数
18．10．23（月）～10．29（日）	4

1　人員

月日	発地	着地	所属（要求元）	人数	備考
10.23（月）	ｱﾘ ｱﾙ-ｻﾚﾑ	ﾊﾞｸﾞﾀﾞｯﾄﾞ	米陸軍×51 米海軍×4 米空軍×1 米軍属×5	61	陸軍:O×5, E×46 小銃1 海軍:O×3, E×1 空軍:O×1
	ﾊﾞｸﾞﾀﾞｯﾄﾞ	ｱﾘ ｱﾙ-ｻﾚﾑ	米陸軍	35	O×7, E×28 小銃2
10.24（火）	ｱﾘ ｱﾙ-ｻﾚﾑ	アリ	米陸軍×44 米海軍×2 米軍属×5	51	陸軍:O×6, E×38 小銃1, 拳銃1
10.25（水）	ｱﾘ ｱﾙ-ｻﾚﾑ	ﾊﾞｸﾞﾀﾞｯﾄﾞ	国連×5 米陸軍×30 米海軍×3 米空軍×4	42	陸軍:O×6, E×24 小銃13, 拳銃2 海軍:O×3 空軍:E×4
	ﾊﾞｸﾞﾀﾞｯﾄﾞ	ｱﾘ ｱﾙ-ｻﾚﾑ	国連×15 米陸軍×43	58	陸軍:O×8, E×35
10.26（木）	ｱﾘ ｱﾙ-ｻﾚﾑ	アリ	米陸軍	21	O×2, E×19
	アリ	ｱﾘ ｱﾙ-ｻﾚﾑ	米陸軍×4 ×1	5	陸軍:
合計				273	

統幕　受付　18.11.-1　第3450号
18.11.-2　第1907号

分類番号：C－20－090
保存期間：5年

整理番号	147	小隊長	
保存期間	19.22		

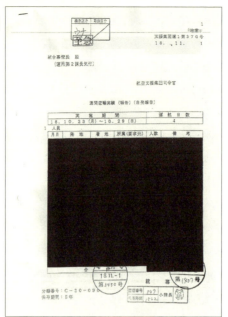

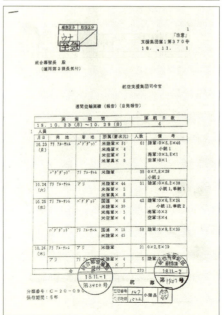

ごらんのありさまだ」と答えました。

自衛隊の幹部は商社の名前まで教えてくれ、「日本に戻って記事にしてください」と言うのです。そこで、建築を請け負った建設会社の名前を入れ、この建設会社が宿営地建設を受注したいきさつは一般競争入札か随意契約かを、防衛省に情報開示請求したところ、応答拒否との回答が来た。

私は建設会社の名前を請求用紙に書いていますが、防衛省は、会社の名前を確認することもなく、「日本でテロに遭うおそれがあるから」と言うのです。

川口　なんでもテロのおそれですよね。

半田　その専門商社に取材しましたが、実質的に切り盛りしている専務が、「申し訳ないことをした、一般競争入札があった」と正直に話してくれました。

じつは、後に、この専務と防衛事務次官*が、贈収賄の容疑で逮捕されるのです。必ずしもこの宿営地問題に限らず、幅広く、この事務次官と専務は癒着しており、賄賂の授受で防衛政策をゆがめることをくり返してきたわけです。

＊防衛事務次官：守屋武昌。03年、防衛事務次官、07年防衛省を退職。テロ対策特別措置法やイラク特措法の制定、防衛省昇格に主導的役割を果たした。山田洋行の専務・宮崎元伸とともに贈収賄事件で逮捕され、有罪判決を受けた。

実際の場面で、事務次官に不利な話、親しくしている専務に不利な資料は、情報開示請求に対し、非開示ということが起こり得るのではないか、このケースで直接つながるかどうかはわかりませんが、疑ってしまうのです。

川口　秘密保護法が施行されると、半田さんの取材活動の多くはアウトになるのではありませんか。

半田　アウトかもしれませんね。

川口　防衛省と民間企業が関わっていて、秘密の網が被されたところに取材に行っているわけですから……。

半田　イラクの地において取材することが誰かを危険に晒すことになるというならまだわかりますが、日本、東京ですよ。

川口　秘密保護法ができる前からテロの危険が盛んに喧伝されていたわけです。今後はテロの危険があるとして、情報に関わろうとする人、情報を他にもらした者は逮捕、という、非常におそろしい流れがつくられていきかねません。

8 情報はお上のためにあるという発想

半田 2000年に防衛省が六本木から現在の市ヶ谷に引っ越したときに、ものすごい量の書類が廃棄されました。本当に選別しているのか？ と聞きました。連日連夜、敷地内の焼却場で燃やしっぱなしでした。このとき、どれだけ貴重な資料が燃やされたことか……。

川口 戦争が終わったときも、日本政府や日本軍は文書をどんどん燃やしました。政府には、国民の情報だという発想は基本的にないですよ。

半田 情報はお上のものだという発想は変わらないのでしょう。少しだけのぞき見をしたければ見せてやる、というわけです。法律をつくる側や行政側には、国民の知る権利を守ろうという考えがさらさらなく、秘密保護法に違和感を感じない役人はたくさんいます。

僕は取材の必要から何度も情報開示請求をしていますが、情報公開法*ができて、よい面もあります。ただ、いままでに受けた仕打ちでもっとも多いのは、文書があるかどうか含め、応答拒否です。応えないという態度です。こ

＊情報公開法：正式には行政機関の保有する情報の公開に関する法律。国の行政機関が保有する情報の公開（開示）請求手続を定める。1999年5月14日公布、2001年4月1日施行。

れは本来、開示請求・情報公開法の精神からいっておかしい。「非開示」、公開しないという回答のほうがまだ気持ちいいですね。

情報公開請求がされて、出せる情報に関しては、取材にも応えようというのが一つの基準になっていて、以前よりは取材の応諾が担当者の気分に左右されなくなったのはよかったのですが……。だからといって、取材で話を聞くだけではなく、情報開示請求の結果として、やはりしっかりした文書が出るほうがいい。

川口　裁判でも、検察官の手元にあるはずの書類について、検察側が出したくないときに、「見あたらず」という回答をしてくるときがあります。あるとも、ないとも、開示するとも、しないとも言わない。あると言えば出さざるを得なくなる。ないと言えば嘘を言ったことになる。そこで「見あたりません」なんですよ（笑）。国家権力を使って情報収集をしているのに、この対応はすごいですね。

ほんとうは、情報公開法によって、役所の書面の作り方も丁寧になり、開示請求されてもきちんと対応できるような情報の保管をしましょう、という意識になっていってほしいわけです。役所の仕事の質を高めることと情報公開はすごくリンクしています。さらに、官僚の仕事をチェックしていく上で情報公開は大きな効果を発揮します。

日本の秘密保護法の動きは、情報公開の流れと完全に逆行していますね。世界の潮流は、オープン・ガバメント*になっているのです。バルト三国の1つ、エストニアは135万人の小国ですが、情報は国民のものであるという発想を背景にして政府自体が積極的に情報公開を進め、国民がそれをもとに国が抱える問題を判断して、政党・政治家を選んでいく。

日本の行政には、情報は国民のもの、という発想が希薄で、行政が情報を所有管理して当然と思っている。その発想自体を是正すべく、情報開示制度が少しずつ進められてきたのに、秘密保護法は情報開示の流れを押しつぶしてしまいます。国民に知られては困ることは、ごく一部の関係者の判断で秘密指定してしまうでしょう。日本が集団的自衛権行使を旗印に参戦する際、国民に知らせたくないと考えれば、戦争に関する一切の情報は秘密にすることが可能です。

半田　国家安全保障会議や秘密保護法、集団的自衛権行使容認の行き着くところが、戦争のできる国です。安倍政権は、間違いなく、一歩一歩その方向

＊オープン・ガバメント：インターネットの双方向性を活用した、透明でオープンな政府を実現するための政策とその背景となる概念のことで、⑴透明性、⑵市民参加、⑶政府内および官民の連携の3つを基本原則とする。アメリカではオバマ大統領が就任直後にその方針をいち早く表明した。近年、世界各国で急速に進んでいる。

に向かっている。どこでみんなが気づいてくれるのかな、と思います。安倍内閣を支持している人は何を見て評価しているのでしょうかね。

川口　そういえば、マスコミはいったい誰に世論調査しているんですか。普通に仕事をしている人は、調査されないでしょう。私の周囲でいまだかつて、調査を受けたという話を聞いたことがありません。

半田　無作為抽出方式というんです。

川口　無作為といっても、本当に無作為抽出なんですか。

半田　サンプルが少ない。だいたい1回のアンケート調査で対象は2000人くらいでしょう。

川口　学生時代、読売新聞のアルバイトで、東武東上線沿線の東京都の成増あたりを歩いてアンケートを集めて廻ったことがありますが、日中家にいる人はきわめて少なかった。

半田　まだ、歩いて廻って訪問調査するほうがいいのですが、最近は、選挙人名簿を使ってサイコロか何かで、対象者を抽出するわけです。それと電話調査になっています。若い人は固定電話を置いていません。家庭に固定電話があって、電話帳に掲載している人は、個人情報の観点から見ても、世間に疎い人かも知れません。そのような人を対象にして、「安倍さんはいい人ですね」という答えを聞いて、安倍政権支持にカウントしているのではないでしょうか。

世論調査の結果も政治家に大きなインパクトを与えますが、フェイスブックが安倍首相の元気の源ではないでしょうか。37万人のフォロワー、ネトウヨ（ネット右翼）のほめる声を聞いて、自分はエライと思い、ますます過激なほうに行きますよ。

川口 そのようですね。

半田 安倍さんは参議院選挙の街頭演説で、脱原発派のグループと駅前で遭遇したとき、すかさず、「左翼の妨害に……」と演説に取り入れていました。あのとき集まっていたのは脱原発派の人々で、いわゆる左翼ではありません。安倍首相がすぐにレッテル貼りすることが明らかになりました。

川口 自分に反対するのはすべて「左翼」という言葉でレッテルを貼り、排除する。民主主義の前提の、多様な意見のなかで物事を決めることを否定しています。

半田 自分と自分をもてはやす人だけで幸せな国をつくる……。

川口　サザンオールスターズの「ピースとハイライト」は、どのような思いで作られたか、わかりませんが、安倍政権批判として聞くと、的を射ていますね。

都合のいい大義名分《かいしゃく》で
争いを仕掛けて
裸の王様が牛耳る世は…狂気(Insane)
20世紀で懲りたはずでしょう?
燻《くすぶ》る火種が燃え上がるだけ＊

安倍首相の「裸の王様の狂気」に日本は狂わされています。

＊ＪＡＳＲＡＣ特許番号１４１３７６０—４０１

第3章　集団的自衛権行使の論理と手法

9 「集団的自衛権行使」と政府見解

川口　では、集団的自衛権行使とは何か、認めるとどうなるか、本当の狙いは何かについて議論を進めましょう。

守ってもらっているアメリカが他国から攻撃されているのに、日本が何もしないのは、礼を失する。美しい日本の美徳感情に呼びかけるような感じですかね。

半田　それは日米安保条約*を読んでいない人の言説でしょう。日米安保条約では、第5条のアメリカによる日本防衛義務と第6条の日本によるアメリカ

*日米安保条約：日本国とアメリカ合衆国との間の相互協力及び安全保障条約。1960年1月19日に、ワシントンD.C.で締結された日本国とアメリカ合衆国の安全保障のため、日本にアメリカ軍を駐留することなどを定めた2国間条約のこと。日米安保の根幹をなす条約であり、条約には日米地位協定が付属している。1952年に発効した旧安保条約を失効させ、あらたな条約として締約批准された。集団的自衛権を前提とした双務的体裁を採用しており、日米双方が日本および極東の平和と安定に協力することを規定した。

第5条

各締約国は、日本国の施政

への基地提供義務により、双務性を確保しています。また、集団的自衛権の行使とは、自国が攻撃を受けていないにもかかわらず、密接な関係にある国が受けた攻撃を自国への攻撃と見なして、武力行使に踏み切ることだ、と政府は言っています。

日本は憲法上、「急迫不正の侵害があること」「ほかに排除する手立てがないこと」「武力行使は必要最小限でとどめること」という防衛出動の3要件があった上で、自衛隊が武力行使できるのは自衛の戦争に限定される、としています。

川口　自国への攻撃がない、他国への攻撃を前提とする集団的自衛権については、憲法上認める余地はない、としてきました。これが、従来の日本政府の一貫した立場だったわけです。

半田　集団的自衛権の行使は、自衛の戦争とは言えない。

川口　議論として少し整理すると、行使容認派は、あえて3つ目の「必要最小限」という言葉にこだわります。必要最小限度は時代によって変わる、必要最小限度の武力行使の内容が時代的に変わるのであれば、必要最小限度の中に集団的自衛権が含まれてもおかしくはないだろうと主張するわけです。

の下にある領域における、いずれか一方に対する武力攻撃が、自国の平和及び安全を危うくするものであることを認め、自国の憲法上の規定及び手続に従つて共通の危険に対処するように行動することを宣言する。

前記の武力攻撃及びその結果として執つたすべての措置は、国際連合憲章第51条の規定に従つて直ちに国際連合安全保障理事会に報告しなければならない。その措置は、安全保障理事会が国際の平和及び安全を回復し及び維持するために必要な措置を執つたときは、終止しなければならない。

第6条

日本国の安全に寄与し、並びに極東における国際の平和及び安全の維持に寄与するため、アメリカ合衆国は、その

たしかに内閣法制局も、集団的自衛権については、必要最小限度を超えるから憲法上認める余地はない、という、おおざっぱな説明をしていた時期もあります。

しかし、武力行使は憲法上認められないが、他国から自国に対する「急迫不正の侵害」があり、「ほかに排除する手立てがない」場合に限って、自衛権行使が認められるとしているように、そもそも他国からわが国への「急迫不正の侵害」がない場合は、個別的自衛権の行使が認められない。

3つ目の「必要最小限度」は、自衛権を発動したとき、その自衛権行使としては必要最小限にとどめる、という要件で、個別的自衛権を行使した「後」の歯止めなのです。

つまり、必要最小限の武力行使かどうかという論点以前に、集団的自衛権は最初の急迫不正の侵害の要件を欠く以上、認められる余地はないことになります。

もう1つ、「必要最小限」という概念は、自衛隊の合憲論の根拠としても使われてきました。9条のもとで、軍隊を持ってはならないが、憲法が例外的に認める個別的自衛権の範囲内で、「必要最小限の実力組織」として自衛

陸軍、空軍及び海軍が日本国において施設及び区域を使用することを許される。

前記の施設及び区域の使用並びに日本国における合衆国軍隊の地位は、千九百五十二年二月二十八日に東京で署名された日本国とアメリカ合衆国との間の安全保障条約第三条に基く行政協定（改正を含む。）に代わる別個の協定及び合意される他の取極により規律される。

隊が認められる、という文脈で「必要最小限」が議論されてきました。「必要最小限」については、一概に明示できないとして、「時代によって変わる」という論理によって自衛隊が拡張されてきました。

しかし、ここでの「必要最小限」は、あくまで自衛隊が軍隊にならない、自衛のための「必要最小限の実力組織」にとどまるという論点で議論されてきたもので、集団的自衛権の議論が入る余地はありません。

集団的自衛権行使容認の主張は、「必要最小限」の議論を都合良くすり替えている詭弁の類いです。

わが国で認められる武力行使というのは、他国から自国に対する急迫不正の侵害としての武力行使があった場合で、他国への武力行使に対して武力を行使することは、すでにその時点で認められない。そこに、「必要最小限」の武力行使だからという議論をする余地はないのです。

集団的自衛権行使と個別的自衛権の行使で重なる部分があるかという質問が国会であったときにも、「重なりません」と内閣法制局が答弁してきました。自国に対する攻撃と他国に対する攻撃は違うからそこは重なりません。必要最小限云々という議論もそれは誤りです、という見解を、すでに内閣法制局は示してきたわけです。

　そこを集団的自衛権行使容認派は、くり返し、必要最小限というのは時代によって変わるのではないですか、と議論をふっかけてくるわけです。学習していないのか、していないふりをしているのかよくわかりません。

「必要最小限」というキーワードをあえて使って集団的自衛権の議論をする、ということ自体、国民に対する詐欺に等しい悪質なミスリードです。

　また、集団的自衛権については、擬人化した説明として、「自分は殴られていないが、友人が殴られているのを見て、友人を助けるために加勢すること」という説明がなされることが多いですね。

　しかし、これまで集団的自衛権は、「他者から攻撃されている友人を助けなくてよいのか」という「建前」とはまったく違った形で用いられてきました。実際には、大国の軍事介入を正当化するロジックとして多用されてきた。この歴史も直視しなければならないと思います。

10 「集団的自衛権」の建前と実態

半田 もっともわかりやすいのは、アメリカのベトナム戦争でしょう。
川口 あとはソ連のアフガン侵攻ですか……。
半田 この2つは、集団的自衛権行使の事例として教科書に出てもいいぐらいですね。
川口 アフガン侵攻とベトナム戦争。
半田 第2次世界大戦以降の大きな戦争は、集団的自衛権の行使を大義名分にしていましたね。ベトナム戦争は南ベトナム政府からの要請があったということでアメリカが介入し、韓国はアメリカとの軍事同盟からアメリカとの集団的自衛権ということで介入したわけです。
川口 そして、65年の北爆で本格的介入を始め、地上軍の投入で泥沼の戦争になって、73年にはアメリカは撤退する。
半田 旧ソ連のアフガニスタン侵攻もアフガニスタン国内の傀儡政権からの要請があったということでおこなわれますが、こちらも泥沼になって、78年の侵攻から89年の撤退まで11年もかかっています。

すさまじいのは、第2次世界大戦以降の戦争の、死者の数*と軍事費の額*です。アメリカはベトナム戦争ではドルを費やしてしまい、金を保有する財力がなくなって、金本位制を止めざるを得なくなります。1971年8月、ニクソン大統領の金・ドル交換停止で、世界中がドル・ショックに見舞われます。日本は1ドル＝360円だったのですが、この後、変動相場制に移行していくわけです。

異国の地でたくさんの青年たちが戦死したことで、アメリカ国内でも厭戦気分が生まれ、徴兵制が廃止されていきます。

東西冷戦の時代、米ソ両大国には、ひとつでも多くの国を友好国・同盟国として我が陣営内に囲い込みたいというわがままがありました。各国のトラブルに介入することによって、陣営の盟主であることを証明したかった。そのことが紛争が拡大長期化する原因になった。無用な戦争を引き起こすことになったということです。

当時「他国の戦争に手出しは厳禁」であったなら、戦乱のベトナム国内は一時大変だったでしょうが、短期間で決着がつき、北ベトナムの政権による

*死者の数：2300万人以上。

*軍事費の額：1兆5000億ドル。

安定支配が実現していたと思います。アフガニスタンの戦争も、アフガンの諸勢力間の内戦ですから、ソ連が介入しなければ、拡大・長期化することもなく、それなりの決着をしたはずです。

「よいことが何一つなかった」というのが、集団的自衛権行使の総括ですよね。

川口　他人の紛争、戦争に介入した側も大変な痛手を被り、介入された側としても大変な主権侵害、人的・物的被害を受けるわけです。２００１年のアメリカのアフガニスタン侵攻に対して、ＥＵが賛成した論理は、集団的自衛権の行使ですね。

半田　そうです。アフガニスタン侵攻の、アメリカの介入の論理は自衛の戦争。イギリスは、集団的自衛権で介入していきました。

川口　アフガニスタンに対するアメリカの攻撃理由は、自衛権を侵害されたというものでしたね。２００１年の９・11アメリカ同時多発テロに対する自衛の戦争という論理。この論理自体、あり得ない話ですよね。テロというのは犯罪ですが、アフガニスタンが国家として攻撃したわけではありません。にもかかわらず、アメリカは「自衛権行使」を主張してアフガニスタンを武力攻撃し、NATOはアメリカに対する「集団的自衛権」を根拠としてこの「戦争」に参戦したのです。

もし、この歴史的時点で日本で集団的自衛権行使が容認されていたら、アメリカに対する「集団的自衛権」を根拠として、自衛隊が武器を持ってこの「戦争」に参戦した、あるいは参戦が現実的な選択肢になっていたでしょう。

このように、「集団的自衛権」というのは、戦争を始める際の口実、詭弁として都合のよい使われ方をしてきた。

そもそも、集団的自衛権という概念自体が、第2次世界大戦の集結を契機に、例外的に生み出された概念に過ぎないのです。第1次世界大戦以降、1928年に当時の主要国が締結したパリ不戦条約*は、原則として国家間の戦争を禁止する流れを作っていましたし、国連憲章でも不戦の理念を踏襲して、「国際の平和及び安全を維持するためにわれらの力を合わせ、共同の利益の場合を除く外は武力を用いないことを原則」にしています。

しかし、一方で国連憲章を起草している段階で、東西の軍事ブロックを是認する必要から、集団的自衛権が主張されたわけです。軍事ブロックの相互の安全保障の仕組みで、技巧的に作られた概念なのです。個別的自衛権が歴

＊パリ不戦条約：戦争抛棄ニ関スル条約。1928年、アメリカ、ドイツ、フランス、イタリア、日本となど15カ国が署名、その後、63カ国が署名。パリで締結されたためパリ不戦条約、ケロッグ＝ブリアン条約とも言う。

第1条

締約国は、国際紛争解決のため、戦争に訴えないこととし、かつ、その相互関係において、国家の政策の手段としての戦争を放棄することを、その各自の人民の名において厳粛に宣言する。

第2条

締約国は、相互間に起こりうる一切の紛争又は紛議は、その性質又は起因がどのようなものであっても、平和的手段以外にその処理又は解決を求めないことを約束する。

史的、慣習的に国際社会で認められてきた考え方、ある種の自然権的な権利だとすれば、集団的自衛権は一部で主張されているような国家が固有にもっている自然権的権利ではなく、質が異なる概念なのです。

これは国際法の世界では常識なのですが、安倍首相は個別的自衛権と集団的自衛権の区別についても、国会でまともに答えられませんでした。代わりに、内閣法制局長官の小松さんが、個別的自衛権については自然権的権利だが、集団的自衛権は戦後認められた比較的新しい概念だと正しい答弁をしていました。

半田　その程度のことは、常識ですよね。国連ができた際、東西冷戦中の大国の勝手な議論や、アメリカの強い主張で、集団的自衛権の概念が入ってきただけでしょう。

11　現代の戦争とアメリカの世界戦略

半田　国際法でも武力行使は原則禁止されていますが、結局、変な形で軍事介入をすると、だいたい軍事大国が勝てない結果に終わるのです。ソ連はア

第3条
1　本条約は、前文に掲げられた締約国により、各自の憲法上の用件に従って批准され、かつ、各国の批准書が全てワシントンにおいて寄託せられた後、直ちに締約国間に実施される。
2　本条約は、前項の定めにより実施されるときは、世界の他の一切の国の加入のため、必要な間開き置かれる。一国の加入を証明する各文書はワシントンに寄託され、本条約は、右の寄託の時より直ちに当該加入国と本条約の他の当事国との間に実施される。
3　アメリカ合衆国政府は、前文に掲げられた各国政府、及び実施後本条約に加入する各国政府に対し、本条約及び一切の批准書又は加入書の認証謄本を交付する義務を有する。アメリカ合衆国政府は、

フガニスタン介入やベトナム戦争でも勝てなかったでしょう。アメリカのアフガニスタン戦争も同じ経過をたどるでしょう。大義名分なき戦争に突入する側と、このままでは皆殺しにされるかもしれないという必死の戦いをする側とでは、「非対称戦争*」をするわけです。

つまり、大国の軍事力に対し、何としても国を残し、生き延びるのだというすさまじい民衆の思いが、ゲリラ戦術になって現れます。こういう相手と闘っても勝てないのです。こうした歴史的な教訓になぜ学ばないのか、と思います。

川口　アフガニスタン戦争は、２００１年10月に侵攻して以来、アメリカ建国史上最長の戦争になって、戦費も、ものすごい金額になっています。

半田　正確には出ていませんが、アフガンとイラクで１５０～５００兆円。膨大な軍事費の支出が、アメリカにもともとあった貿易赤字と財政赤字という双子の赤字に拍車をかけ、オバマ政権が福祉や教育、医療の国内分野、外交政策に有効な手が打てないことの遠因になっています。アメリカが現在、国際社会でリーダーシップを失いつつあるというのは、この2つの戦争の負の遺産です。

各批准書又は加入書が同国政府に寄託されたときは、直ちに右の諸国政府に電報によって通告する義務を有する。

＊非対称戦争：正規軍同士ではない戦闘で、相手と同じ戦術では勝利が困難な交戦集団が、相手にとって予想も対抗も困難な別の手段によって戦闘をしかけることで戦われる。一般にはテロやゲリラ戦という言葉で認識される場合が多い。

川口　国力はあきらかに落ちているわけですよね。そのため、向こう1年間にわたり、50兆円の軍事防衛費を減らさなければいけないところまで追い詰められて、毎年5兆円減らしているわけです。

半田　日本の防衛費が4兆7000億円なので、日本1カ国の防衛費がゼロになるより多い額を減らすという感じになるわけですね。

川口　そうは言っても、日本は9条があるにもかかわらず、世界6位ですよね。

半田　ストックホルム国際平和研究所（ＳＩＰＲＩ）の比較で6位ですが、実際はもっと上かもしれません。

川口　すでに、ほぼ軍事大国と言ってもいいですね。

半田　日本の軍事力は少々ゆがんでいますが……。攻撃的な分野は弱いのですが、防御的に見ると世界一強いと思います。

川口　スパーリングしかやっていませんが、筋肉隆々なボクサーという感じですね。9条の議論をすると、必ず、「軍事力をもたずに丸腰のままでよいのか」という反論を投げてくる人がいますが、現実を見ていない。自衛隊という「軍事力」を持っているという実態を前提としたうえで議論すべきだと思います。尖閣諸島の問題などで「丸腰ではダメだ、9条を変えて軍隊を持たなければならない」という話については、「日本は丸腰ではない」「相手になかなか攻め落とせないという脅威を与えるに足る軍事力を持っている」という実態を前提に議論しないと、現実的ではありません。

また、集団的自衛権の議論をしていても、反射的に尖閣の問題を持ち出してくる人が少なくありませんが、尖閣の問題は個別的自衛権の問題で、集団的自衛権を認めるかどうかとは無関係の話です。領土問題を利用して、9条を改変する策動が巧妙に浸透し功を奏している形です。

12 集団的自衛権と集団安全保障の2つの容認

半田 集団的自衛権は結局、世界を不幸にしてきたわけですが、第1次安倍内閣のときに、安保法制懇で「4類型」を出して、さんざん論議しています。短命に終わった安倍政権の後継の福田内閣*に報告書を渡したら、福田康夫首相に憲法解釈を変える答申など頼んだ覚えはないと言われて棚上げされてしまった。

＊福田内閣（第91代）：2007年9月26日から2008年8月2日まで続いた内閣。

ちなみに、４類型とは、他国と戦争ができる条件です。

①公海における米艦の防護。

②米国に向かうかもしれない弾道ミサイルの迎撃。

③国際的な平和活動における武器使用。

④同じ国連ＰＫＯ等に参加している他国の活動に対する後方支援。

この４類型から読み取れるような、海外で戦争ができる国にしてくれなどとは誰も言っていない、という当時の福田首相の言明はわかりやすくて国民に響くわけですが、ふたたび安倍政権が蘇ってきたことによって同じことをくり返しているのです。

集団的自衛権に関する類型は、①と②です。米艦艇防護は、現代戦では艦艇同士が15キロも離れて洋上に展開しているので、米艦艇が攻撃を受けても自衛隊はその攻撃に対抗することは技術的に困難です。また、米本土まで届く弾道ミサイルを自衛隊が迎撃することは技術的に不可能です。

「それでもやれ」と命令するのでしょうが、日本が武力侵攻を受けているときにアメリカ軍が来援するというなら、個別的自衛権の行使で日本はアメリカやアメリカ軍を守ることができます。

それにしてもなぜ、断片的な類型で検討をするのでしょうかね。「アメリカが攻撃を受けた際、日本はアメリカのために戦争をしなくてもよいのか?」という素直な設問にすると、「あの軍事大国のアメリカが攻撃されるはずがない」という判断になって、アメリカに関して集団的自衛権行使の検討余地なしとの結論になるから、あえて「あるかも」と思わせる類型にしたのでしょう。目的のためには手段を選ばず、ですね。

川口　13年10月16日にあった第2次安保法制懇の第3回目の会合の際、4類型に加えて5事例を出してきました。

①日本周辺有事のために活動する米艦などへの攻撃の排除。

②日本船舶の航行に重大な影響を与える海上交通路（シーレーン）の機雷除去。

③同盟国である米国を攻撃した国に武器を供給する船舶の臨検。

④国連の決定に基づく制裁措置（多国籍軍など）への参加。

⑤領海内に潜航する外国潜水艦への対処。

半田　記者団が「(集団的自衛権を)解禁するためにこの5つを新たに入れるのですか」と聞いたら、座長代理の北岡伸一氏が「そのようなことを言っているのではない」と怒って答えるんですよ。それでは、「これら5つの事例で十分ということか」とまた尋ねると、「そういうことではないが、なぜそんなに6つ目、7つ目が欲しいのか」と言うんです。これは笑えました。

最終的に北岡氏はキレてしまって、憲法解釈を変えなければならない理由は、集団的自衛権と集団的安全保障の2つを容認するためだと断言してしまいました。

集団的安全保障は通常、国連の安全保障理事会の制裁決議によって発動されます。国連の経済制裁決議に対しては、日本でも、いままで北朝鮮に対して贅沢品を送らないことなどをしているわけです。もちろん、国連の決議に参加するために、憲法解釈を変える必要はありません。

では、憲法解釈を変更しなければならない集団的安全保障とは何かというと、まさに、イラクがクウェートに侵攻した際、イラクに対する制裁として武力行使を決議したあの集団的安全保障の決議への参加です。あのとき、集団的安全保障の決議に基づいて多国籍軍ができたわけです。そして、アメリカを中心として、30カ国でイラクと戦ったわけですが、この軍事行動に参加するためなら、憲法解釈を変えなければいけない。つまり、憲法解釈を変えて多国籍軍への自衛隊の参加を可能にしたのです。

安倍首相は13年9月26日の国連総会の演説で、「積極的平和主義に基づいてこれからはＰＫＯや国連の集団安全保障措置に積極的に参加できるよう図って参ります」といっている。ＰＫＯの場合、日本は後方支援に徹していますよね。将来はわかりませんが、現時点では道路を直したり橋を直したりと、非武力行使に徹しています。ただ、後段の「国連の集団安全保障措置に積極的に参加」が見逃せないわけで、わざわざ宣言するというのは武力制裁の分野にも参加するのだという意思の表明だと国際的には受け止められています。先ほどの北岡座長代理とこの安倍首相自身の発言は、明らかにその方向なのです。

湾岸戦争のときに出た国連決議６７８と６８７はいまでも生きていると主張し、あれを基にして武力制裁の根拠付けができるという人もいます。武力制裁を認めるとその後の歯止めがなくなってしまう。

もっと平たく言えば、国連の武力制裁に参加するというのは、いままでできないと言っていた海外における武力行使そのもので、それをやりますよということです。安保法制懇の報告書にはこの集団的安全保障への参加が出てきました。

川口　確認しておかなければいけないのは、国連として経済制裁を発動するというときには、加盟国193カ国にはこれに応ずる義務が生じます。しかし、軍事行動を起こす、という場面では、国連加盟国への強制はありません。あくまで主権国家それぞれが判断すべきこととなっており、国連憲章上では、国連軍*が創設されていない以上、強制的に軍事力を拠出しなさいということにはならないわけです。

前回のイラク戦争の時にも、多国籍軍を募って30カ国、一部の国しか参加していません。そこに軍事的な形で日本も関わる義務があるかといえば、国際法上の義務はないのです。

これまでの政府見解としては、国連の集団的安全保障措置についても、武力行使に当たる以上はダメです、としていました。

当時、小沢一郎さんが、それは「国権の発動ではないでしょう」と政府見解に反論したことがあった。これに対して、国連の軍事措置に対して軍隊を出すというのは、全権を国連にゆだねることではなく、あくまで国家権力として判断することで、国権の発動としての武力行使に当たる、したがって、

＊国連軍：United Nations Forces。安保理の決議によって組織された国連の指揮に服する軍隊。国連憲章第7章で、平和に対する脅威に際して、軍事的強制措置をとることができると定められている。かつて組織されたことはない。

集団的安全保障措置が武力行使を内容とする場合には、日本の憲法上は武力行使を伴う軍事活動はできない、というのが内閣法制局の、政府の見解だったのです。

13　集団的自衛権行使の本音

川口　いろいろ屁理屈をこねていますが、安倍政権の本音は、憲法が禁止している海外での武力行使を可能にしたい、つまり、戦争への道を開きたい、というところにあり、4類型も5事例も、すべて集団的自衛権行使を認めさせるための国民向けの詭弁に過ぎないことがはっきりしています。4類型も5事例も非現実的設定か、あるいは個別的自衛権で説明できるものです。

日本の集団的自衛権行使に関しては、1つにはアメリカの要求があります。イラク戦争とアフガニスタン戦争によって、アメリカが軍事費の大幅削減を進めざるを得ない状況の中で、アメリカはアジア地域に対する軍事的影響力を維持したい、そこに、日本の自衛隊を活用していきたい、という思惑があります。ヘーゲル国防長官が、日本の集団的自衛権行使容認を支持したのは、むしろ当然です。

アメリカの目的は、理由はともかく、アメリカが軍事力を行使し戦争を仕掛けるときには、日本が前線に部隊を出せ、ということです。ですから、集団的自衛権行使だけでなく、集団的安全保障措置、あるいはそれに準ずると説明できる場合にも、自衛隊を海外に出せるようにと安倍政権が踏み込んでいるのは当然です。

ちなみに、これから自民党が出そうとしている「国家安全保障基本法案*」では、国連の安全保障理事会の決議「等」と書いてあるため、決議がなかったとしてもそれに準ずるような判断ができれば、軍隊を出すことができることになり、歯止めのない自衛隊の海外派兵に道を開くことになります。自衛隊を戦争に送り出すことについては、フリーハンドになります。

石破茂幹事長も明確に公言していますが、自衛隊を出すかどうかは政治判断であり、憲法によって制約されるものではない、という発想です。これは、政権のそのときの判断で自衛隊の海外派兵の有無を決める、ということであり、憲法のしばりは掛からないことになってしまいます。

しかし、先ほどから半田さんがおっしゃっているように、集団的自衛権、

＊国家安全保障基本法案（抜粋）平成24年7月4日
第10条（国際連合憲章に定められた自衛権の行使）
第2条第2項第4号の基本方針に基づき、我が国が自衛権を行使する場合には、以下の事項を遵守しなければならない。
一　我が国、あるいは我が国と密接な関係にある他国に対する、外部からの武力攻撃が発生した事態であること。
二　自衛権行使に当たって採った措置を、直ちに国際連合安全保障理事会に報告すること。
三　この措置は、国際連合安全保障理事会が国際の平和及び安全の維持に必要な措置が講じられたときに終了すること。
四　一号に定める「我が国と密接な関係にある他国」に対

あるいは集団的安全保障措置として軍事行動が発動され、アメリカが軍事介入した結果、そのいずれの場合もが、泥沼状態になっているのです。一度手を出せば、泥まみれになって、若者の命を犠牲にし、税金の浪費をせざるを得ない。

「テロとの戦いは、相手が「軍隊ではなく、特定ができないために、必然的に無差別殺戮となり、憎しみが憎しみを生み、終わりがない」と東京外国語大学の伊勢崎賢治教授は仰っています。実態がみえず、際限なく戦争は続くわけです。際限なき憎悪が生み出され、際限なき戦争になってしまうのです。そのような泥沼の戦争に日本も、関わっていってよいのでしょうか。

シリア情勢への軍事介入に関して、イギリス議会はイラク参戦の反省を経て、反対をしました。アメリカだって、国内の世論的にはこれ以上戦争をしている余裕はない。イラク戦争の教訓は、軍事的な介入は、決して問題の解決にならないということです。シリア内戦ではイギリスもアメリカも対話による解決という方向に舵を切ったわけですが、日本だけが世界の大きな潮流から離れて孤立し、いまだに軍事的な介入が国際貢献だといっているように国際世論には映っています。

する武力攻撃については、その国に対する攻撃が我が国に対する攻撃とみなしうるに足る関係性があること。

五　一号に定める「我が国と密接な関係にある他国」に対する武力攻撃については、当該被害国から我が国の支援についての要請があること。

六　自衛権行使は、我が国の安全を守るため必要やむを得ない限度とし、かつ当該武力攻撃との均衡を失しないこと。

2　前項の権利の行使は、国会の適切な関与等、厳格な文民統制のもとに行われなければならない。

別途、武力攻撃事態法と対になるような「集団自衛事態法」（仮称）、及び自衛隊法における「集団自衛出動」（仮称）的任務規定、武器使用権限に関する規定が必要。

当該下位法において、集団

世界は軍事力による解決に限界を感じ、代替的な方法で考えようとしているわけで、アメリカでも軍事行動ではなく、テロの温床を排除するために何ができるのかという方向に政策を転換しようとしている。日本は本来、9条がある国として、貧困などの問題に対して、テロの温床を根絶するように非軍事の形で先陣を切って貢献しようと思えば能力的にもできるわけです。軍事に依存していない国家として、国際社会で積み上げてきた信頼があるわけです。

この信頼をわざわざ捨てて、軍事力によって解決するという、時代錯誤の発想で進んでいる。安倍政権は、世界の期待を裏切るばかりか、世界の潮流から逆行し、孤立している感じがします。

半田　日本の議会政治の貧困さにもかなりの原因があるように思います。イギリスもオランダもイラク戦争への参加が正しかったのかということを国会を中心に議論して、いまでもイギリスは議論を続けています。ブレア元首相は2回委員会に呼ばれて証言させられている。

2009年、民主党政権ができたときに、200人近い国会議員がイラク戦争の検証についての請願を出しましたが、幸い日本人には死者も出なかっ

的自衛権行使については原則として事前の国会承認を必要とする旨を規定。

第11条（国際連合憲章上定められた安全保障措置等への参加）

我が国が国際連合憲章上定められ、又は国際連合安全保障理事会で決議された等の、各種の安全保障措置等に参加する場合には、以下の事項に留意しなければならない。

一　当該安全保障措置等の目的が我が国の防衛、外交、経済その他の諸政策と合致すること。

二　予め当該安全保障措置等の実施主体との十分な調整、派遣する国及び地域の情勢についての十分な情報収集等を行い、我が国が実施する措置の目的・任務を明確にすること。

たし、相手を直接殺すこともなかったためか、派遣が正しかったのかという検証は、民主党政権の末期に外務省が形だけやっただけで、実際には検証されていません。あの戦争への参加、陸上自衛隊などが武力行使をしたとまでは言えませんが、間違った戦争に自衛隊を送り込んだということ、そこだけでも検証することすらしません。

過去の反省がなければ、未来へどのような教訓を導くかが生まれないのは当たり前で、面倒なことは不要と、終わったら次に行こうという、過去にこだわらない「潔さ」というか「責任放棄」が日本の政治家にはありすぎます。

川口　外交・防衛にかかわらず、すべてにおいてそうですね。大型公共事業も「大型公共事業をすれば、これだけ経済波及効果があります」と事前に言って大風呂敷を広げ、巨額のお金をつぎ込みますが、検証は一切しません。

第4章　世界から孤立する日本

14　平和国家としての「信頼」を捨て去る日本

半田　たとえば、時代が変わって人口減少になっているのに、引き続き大きな箱物をつくろうとしますね。計画すると止まらないというのは、太平洋戦争のころの日本軍と同じです。また、東京裁判がありましたが、戦勝国が日本を裁いただけであり、政府としては、あの戦争について反省をして、教訓を得ようとすることはしなかった。だからこそ、靖国問題がずるずる尾を引いているわけでしょう。

さらに、中国との関係も、先の大戦を侵略戦争だったか否かを、いまだに安倍政権は蒸し返します。韓国との関係でも、従軍慰安婦問題を蒸し返すわけでしょう。

このような歴史的な検証はしないという姿勢が、日本が経済的に発展していったときは、周辺に有無をいわせぬ勢いがあったため、まかり通っていった感はありますが、現在は、相対的に日本の力が小さくなり、韓国の経済が上昇して、中国が世界一のＧＤＰを得る日も来ると言われているなかでは、この姿勢は各国とも容認しない。もっと落ち着いた、史実に基づいた謙虚な立場に立って対応してないといけない時期になっています。にもかかわらず、まったく逆のことをしています。世界にもはや、厭戦気分が蔓延しているなか、一人好戦的な日本の首相が旗を振っているのです。

アメリカは２００７年頃からアジアで貧困を原因とするようなテロが起きないよう、全軍を挙げて善行キャンペーンを始めています。実は、イスラム教徒が世界一多いのはアジアなので、ここで善いことをやろう、テロの温床、貧困をなくそうという活動なのです。

パシフィック・パートナーシップという病院船を出し、毎年、ベトナムやカンボジア、タイなどに行き、無料の医療活動を手がけたり、工兵部隊が学校を建てたりするのです。そこに、日本は２００７年から参加し、自衛隊が輸送艦を出して医師チームを送り出し、現地で日本のＮＧＯと一緒になって「善いことキャンペーン」の協力をしています。

アメリカ主導でおこなわれていますが、外務省あたりがどんどんアピールすべき国際的キャンペーンです。にもかかわらず、このようなことはアピールしないというか、非常に発信力が弱い、むしろ隠蔽するぐらいの立場を取っています。

防衛省は13年あたりから、能力構築支援といって、たとえば自衛隊がＰＫＯで行ったカンボジアで道路の補修作業をしていますし、東ティモールやベトナムでも、効率的に道路を作るためにロードローラーの講習や技術者の養成などを盛んに手がけています。このような活動は非常に矮小化されて伝えられています。安倍首相は、自衛隊といえばやはり武力行使でしょう、

■パシフィック・パートナーシップ

【説明資料】

パシフィック・パートナーシップ2010への参加（全般概要）

趣　旨	昨年11月15日、シンガポールにおいて鳩山総理大臣が表明されたアジア太平洋地域政策の実現に寄与するため、同地域の諸外国が参加する「パシフィック・パートナーシップ2010」（米国主催）へ輸送艦及び医官等をもって参加し、また、NGOなど民間団体とも協力し、多国間での共同医療支援能力の向上を図るとともに、文化交流を行い、アジア太平洋地域の諸外国との関係強化・信頼醸成をめざす。
意　義	・関係国間の相互理解及び協力関係を増進し、国際的な安全保障環境を改善するとともに、日米安保体制の強化に資することから、我が国の平和と安全を確保していく上で重要な意義を有する。 ・医療支援などの国際緊急援助活動や民間セクターとの連携に係る自衛隊の練度・技量の向上を図るとともに、国内における官庁間協力の強化、諸外国の民軍部門との協力強化を図る上でも有意義な機会が確保できる。
期　間	平成22年5月23日 ～ 7月15日（約2か月間）
参加部隊等	海上自衛隊「おおすみ」型輸送艦 1隻（乗員等 約150名） 及び 陸海空3自衛隊混成医療支援チーム（約30名）
活動内容	○ 医療支援 ○ 文化交流 ○ 人員・物資の輸送
民間団体との協力	外務省を通じて協力団体を募集予定
構　想	

項目	米国の現時点での構想
参加艦	米軍病院船「マーシー」
参加・関与国	日本、韓国、カンボジア、タイ、ベトナム、マレーシアなど約20か国
民間団体	米国の人道支援団体など約15団体

米国病院船「マーシー」

海自「おおすみ」型輸送艦

現地での活動
（昨年度までの例）

項目	防衛省・自衛隊の現時点での構想
時期等	平成22年5月23日 ～ 7月15日（約2か月）
参加艦	海上自衛隊 「おおすみ」型輸送艦
訪問国	活動地：ベトナム、カンボジア、補給地：シンガポール

（注） 今後の状況に応じて変更される可能性があります。

（出典：外務省）[1]

と思い込んでいるのでしょうか。世界の現実的な姿と安倍政権が目指す戦争ができる国とのあいだには、ものすごい落差や違和感があるのです。

自衛隊員に話を聞いていると、まったくイメージがわかない、と言います。仮に、自衛隊が改定され、集団的自衛権行使や集団的安全保障措置が可能になったと言われても、どのような場面になったら、自分たちが戦場に出されるかわからない、というわけです。

いままでの憲法解釈で求められるような場面ではPKOがある、イラク派遣があるなど、具体的でした。憲法の枠の中で各ケースごとに判断し、おのずとそこでのミッションが決まります。イラク戦争のように、人道復興支援しかできないとなれば、何ができるか知恵を絞り、結果的にイラクの人たちにとって「非常に助かった」という結果を残すこともできます。

アメリカ軍の迷彩服は砂漠の色で目立ちませんが、日本の迷彩服は国内用と同様緑色であえて目立つものにしています。なぜかというと、アメリカ軍と間違えられないようにするためです。つまり、「戦争をする人たちと、あなたたちと仲良くしたい私たちは別ですよ」と、アピールしてきたわけです。そのような現実と、安倍さんが考えることとは、まったく相容れないと思います。

川口　自衛隊はイラクで「日本」をさかんにアピールしていました。イラク訴訟をやっている間に、現地調査として、イラク隣国ヨルダンに行ったことがあるのですが、現地の英字新聞、「ヨルダンタイムズ」にはしょっちゅう、記事と関係なく、宣伝として自衛隊の写真が載っていて、「人道支援に来ています」とアピールをしていた。日本の「平和」のイメージを最大限「活用」しようとしていました。これが、結果的に自衛隊員の命を守ることにつながったと思います。

日本という国が戦後、平和国家としての道を歩んできたという「信頼」が中東諸国にあることを、うまく活用できたのだと思います。しかし、集団的自衛権を行使すれば、これまでの「信頼」は一気に崩れ去り、アメリカ軍と同じように、攻撃対象になるでしょう。

15　中国の防空圏と尖閣諸島

川口　尖閣の問題に加え、最近、中国の防空識別圏の話が出てきました。中国からの直接的な脅威ではないかと、安全保障政策のテーマはもとより、これを切っ掛けにして軍事に舵を切れという主張が盛んになされるようになっていますが、その点については、いかがですか。

半田　防空識別圏とは、各国が防空上の必要性から領空とは別に設定した空域のことです。日本―台湾―韓国の防空識別圏は、第２次世界大戦後に、それぞれの国に駐留していたアメリカ軍が、自分たちのパトロールエリアとして便宜的に線引きをしたものなのです。

アメリカ軍が３国の防空から撤退した後は、それぞれが防空を引き継いでいるため、３カ国の間でまったく摩擦なく機能しています。ただし、与那国島の真上に防空識別圏が引かれていて、これこそがまさにアメリカ軍が３国の国境線にこだわらずに防空識別圏を引いた証拠ですが、この線引きが民主党政権の時に問題になり、台湾側に出っ張らせて日本の防空識別圏を広げたことがありました。それは、台湾も了承しました。

中国との関係でいえば、第２次大戦が終わってしばらくの間、中国は空軍力がないに等しかったわけですよね。

川口　大陸で戦った人民解放軍ですね。

■日中韓台の防空識別圏

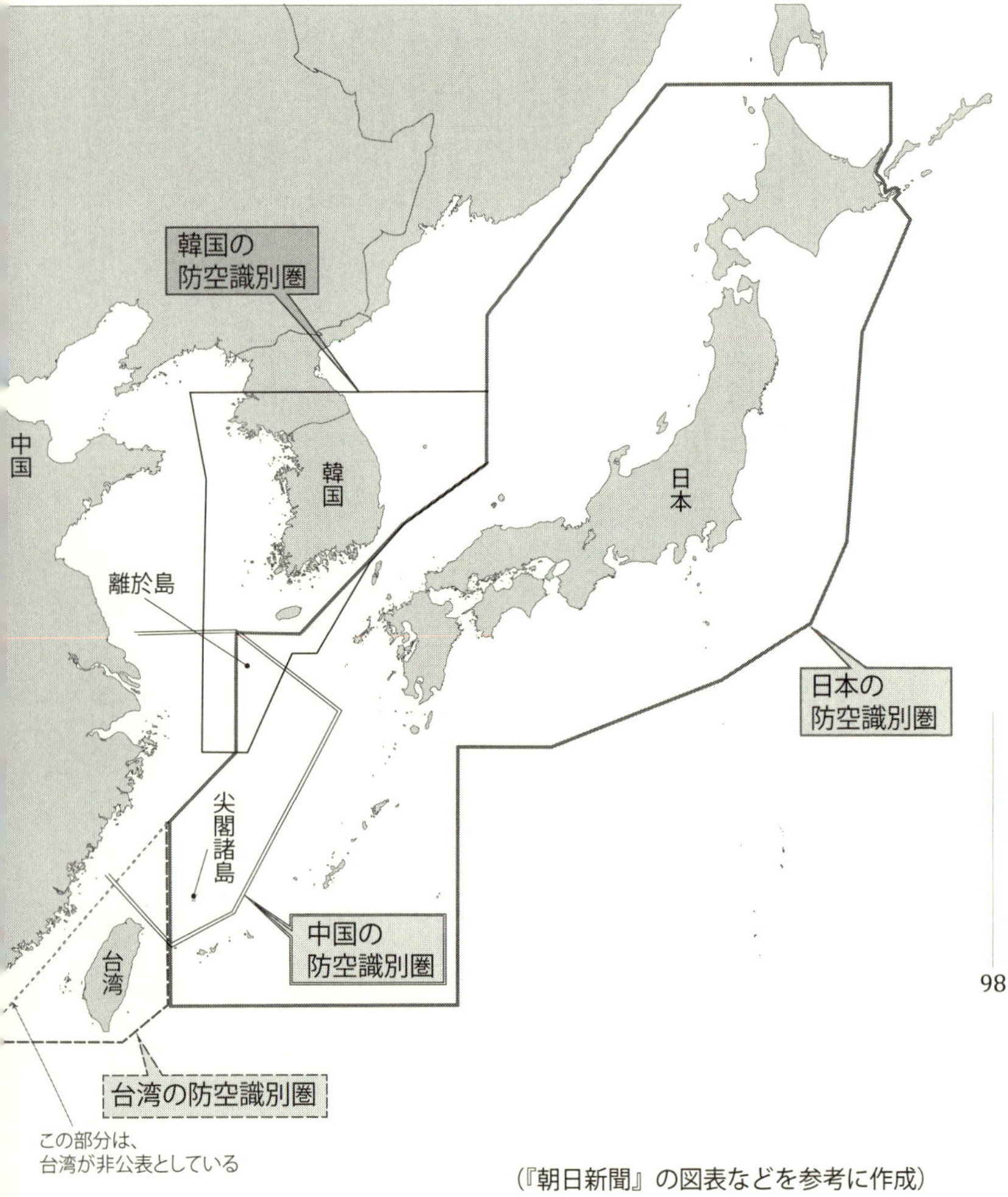

（『朝日新聞』の図表などを参考に作成）

半田　陸軍しかなく、防空という概念すらない時代が長かったのです。それが現在、国防予算で世界第2位まで来て、近代的な兵器を揃えるなかで当然、戦闘機も増やし、防空識別圏の概念をもつということが共産党大会でも打ち出されてきました。空軍の成長によって、防空識別圏を整備するというのは当然のことです。問題は、その線の引き方でしょう。尖閣諸島を含んで自国の領土という前提で線引きをするため、日本の線引きとバッティングしてしまう区域が出てきます。

川口　中国の言い分としては、日本が先に拡大したという話ですか？

半田　先ほど言いましたように40年も前にアメリカが引いた防空識別圏があるだけで、日本はそれを引き継いだのです。いまは日本海側しか注目されませんが、太平洋側にも防空識別圏があり、それもアメリカ軍が引いたのです。中国は、どこにも引いていなかったわけです。

結論的に言えば、尖閣諸島の領土問題が明確にならなければ、今回の防空識別圏問題は決着しません。それは、中国が尖閣諸島を含んで自国の領土という前提で線を引いてしまったからです。日本が、「領土問題は存在しない」などという硬直したことを言っていたら、いつまでも解決しません。

川口　アメリカが、日本が設定した防空識別権を１９６９年に承継した、というわけですよね。中国からすれば、日本が先に勝手にやったのではないか、と。

半田　そのとおりで、勝手にやったのです。アメリカがやったのを、ありがたくいただいたのです。

川口　「我が国に撤回しろと言うなら、いままで44年間勝手にやってきたのですから、中国はこれから44年後に考える」というような話をしていますね。反論もまた中国らしいのですが……。この問題は、緊張感を増していくのですか？

半田　結局、何も変わらないでしょう。民間機が一時期、中国の防空識別圏を横切る飛行計画を出していましたが、日本政府が止め、現在ではもう飛行計画は出ていません。もともと尖閣の上は米軍機や自衛隊機のＰ－３Ｃが飛んでおり、いまもまったく変わらなく飛んでいます。

川口　基本的に防空識別圏の問題は、領空や飛行禁止区域とは異なり、その国の領空の拡大にはつながりません。

半田　防空識別圏というのは、たとえばＡ地点に領土があるとして、その周りに線を引きます。つまり、領空侵犯に対処するエリアです。

たとえば、このエリアに向かってかなりの速度でまっすぐに向かってくる飛行機がある場合、地上で確認すると同時に、2機の戦闘機が上がって行って、領空侵犯させないような措置をとります。この際、中国の飛行機はエリアの手前で旋回し、自衛隊機が行っても写真も撮れないうちに飛び去ってしまいます。毎回、自衛隊が上がっていき、航空機の写真を撮影し、特異な事例であれば公表していますが、中国機の領空侵犯は、歴史的に1回しかありません。ロシアは2013年に2回ありました。それも、自衛隊の防空能力を計るようなことがあり、わざとやっています。

今回、中国が防空識別圏を尖閣の上に引いたということに、政府はそうとう緊張していると思います。中国機が飛来したときにどう対処するか、航空自衛隊は十分知っているわけですが、中国がどう出るかわからないところがあります。

尖閣に向かって自衛隊のP-3Cが飛んで行っても中国から戦闘機が上がったことは、1度もありませんでしたが、14年5月と6月に2回、中国軍の戦闘機が異常接近する事案があり、日本政府が中国政府に強く抗議しました。今後も中国の戦闘機がどのような行動に出るか、わかりません。

川口　日本が尖閣諸島を実効支配していることと、中国が防空識別圏を引いたこととは関連しているのですか？

半田　まったく関係ありません。

川口　自衛隊がスクランブル（緊急発進）を出しているのは、尖閣を含め、防空識別圏を設定しているからではないのですか？

半田　防空識別圏は1つの基準で、一応線を引いておきましょう、という感じのものです。誰でも同じ対応ができるように、人によって対応が異なるようなことにしないためのラインなのです。

中国が仮に尖閣の問題がないとすれば、領土問題さえなければ、防空識別圏にダブりがあっても、お互いよく話し合い、現実的な対処を決めましょうと言えます。

いま、問題になっている中国との防空識別圏の問題は、じつは防空識別圏の問題ではなく、尖閣の領有権が本丸のため、これを解決せずして防空識別圏の話は落ち着かないと思います。中国は、いまの防空識別圏をけっして撤回することはないと思います。

川口　やはり簡単な話ではないのですね。

半田　領土問題の話が落ち着かないと解決しない。そのため、アメリカも日本も、中国がどう出てくるかをみています。中国が線を引いても何の支障もないなら放っておいたらというスタンスもあり得ますが、中国にすれば線を引いた意味がありません。いずれは何かをしてくることは間違いなく、日米の関係者は現在はそうとう緊張して、注視しています。

16 集団的自衛権問題での「ミスリード」

川口　尖閣諸島の問題と、集団的自衛権のことは、論理的にはまったく別のことなのですが、いまは一緒くたに論じられています。

半田　安倍首相が、「日本を取り巻く安全保障環境がいっそう悪化している」と言いますが、首相本人の言動が日中韓の関係を悪化させている要因の１つです。

第１次安倍内閣の最中、「THE FACTS」と題した従軍慰安婦問題に関する公文書は存在しないという意見広告を『ワシントン・ポスト』*（２００７年６月14日）に出しました。国会議員44人、有識者13人が賛同者として名を連

■ THE FACTS：『ワシントン・ポスト』2007年6月14日付。

THE FACTS

The purpose of this paid public comment is to present historical facts.

***At the end of April, an advertisement purporting to tell "The Truth about Comfort Women" appeared in the** Washington Post.*
The claims contained in these statements, though, were anything but the "truth."
Rather than being based on "facts," they appeared, if anything, to be the products of "faith."
The people of Japan have the highest respect for the United States as a fellow democratic nation and as a strong and reliable ally. For democracy to operate effectively, though, the freedom of speech, thought, academic research, and religion must be guaranteed so that individual citizens can draw their own appropriate conclusions.
To enable this, people must have access to correct facts, rather than fallacies, distortions, biases, and factual errors.
This public comment seeks to present a number of historical facts relating to "comfort women" that have not been adequately brought to light so as to enable the readers of this respected publication to draw their own conclusions.

FACT 1

No historical document has ever been found by historians or research organizations that positively demonstrates that women were forced against their will into prostitution by the Japanese army. A search of the archives at the Japan Center for Asian Historical Records, which houses wartime orders from the government and military leaders, turned up nothing indicating that women were forcibly rounded up to work as *ianfu*, or "comfort women."

On the contrary, many documents were found warning private brokers not to force women to work against their will.

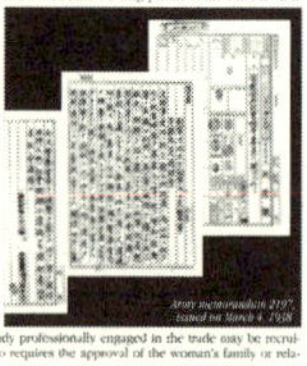

Army memorandum 2197, issued on March 4, 1938

Army memorandum 2197, issued on March 4, 1938, explicitly prohibits recruiting methods that fraudulently employ the army's name or that can be classified as abduction, warning that those employing such methods have been punished. A Home Affairs Ministry directive (number 77) issued on February 18, 1938, states that the recruitment of "comfort women" must be in compliance with international law and prohibits the enslavement or abduction of women. A directive (number 136) issued on November 8 the same year, moreover, orders that only women who are 21 years old or over and are already professionally engaged in the trade may be recruited as "comfort women." It also requires the approval of the woman's family or relatives.

A historian who claims that the number of "comfort women" reached 200,000—a contention frequently quoted in the US media—believes, on the other hand, that the memorandum offers proof of the army's active involvement.

FACT 2

There are many newspaper articles, moreover, that demonstrate that these directives were dutifully carried out. The August 31, 1939, issue of Dong-A Ilbo, published in Korea, reports of brokers who forced women to become *ianfu* against their will being punished by the local police, which was under Japanese jurisdiction at the time. This offers proof that the Japanese government dealt severely with inhumane crimes against women.

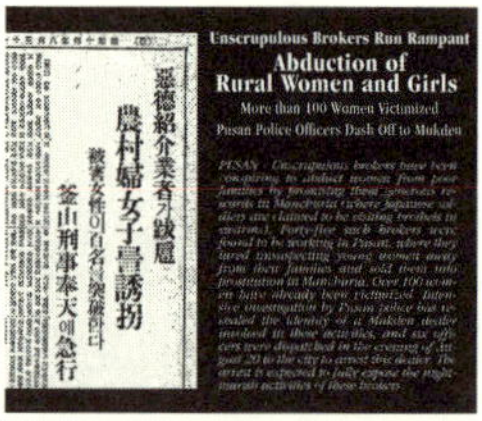

FACT 3

There were admittedly cases, though, of breakdowns in discipline. On the island of Semarang in the Dutch East Indies (now Indonesia), for instance, an army unit forcibly rounded up a group of young Dutch women to work at a "comfort station." The station was shut down under army orders, though, when this incident came to light, and the responsible officers were punished. Those involved in this and other war crimes were subsequently tried in Dutch courts and received heavy sentences, including the death penalty.

FACT 4

House Resolution 121 sponsored by US Representative Mike Honda and other charges of Japanese maltreatment of "comfort women" are mostly based on testimonies by former *ianfu*. In none of their initial statements are there references to their being coerced to work by the army or other units of the Japanese government.

Their testimonies have undergone dramatic changes, though, after the start of the anti-Japanese campaign. Those who testified in a House of Representatives public hearing first reported that they were whisked away by brokers, but then later claimed that their abductors wore clothing that "looked like police uniforms."

FACT 5

The *ianfu* who were embedded with the Japanese army were not, as is commonly reported, "sex slaves."

They were working under a system of licensed prostitution that was commonplace around the world at the time. Many of the women, in fact, earned incomes far in excess of what were paid to field officers and even generals (as reported by the United States Office of War Information, Psychological Warfare Team Attached to U.S. Army Forces, India-Burma Theater, APO 689), and there are many testimonies attesting to the fact that they were treated well.

There are records of soldiers being punished for acts of violence against the women. Many countries set up brothels for their armies, in fact, to prevent soldiers from committing rape against private citizens. (In 1945, for instance, Occupation authorities asked the Japanese government to set up hygenic and safe "comfort stations" to prevent rape by American soldiers.)

Sadly, many women were made to suffer severe hardships during the wretched era during World War II, and it is with profound regret that we contemplate this tragic historical reality.
At the same time, we must note that it is a gross and deliberate distortion of reality to contend that the Japanese army was guilty of "coercing young women into sexual slavery" in "one of the largest cases of human trafficking in the 20th century," as the House Resolution claims. After all, two-fifths of the approximately 20,000 *ianfu* ***during the war were Japanese women, as detailed in an academic paper by historian Ikuhiko Hata.***
We are interested, foremost, in sharing the truth with the American public. Criticism for events that actually occurred must be humbly embraced. But apologies over unfounded slander and defamation will not only give the public an erroneous impression of historical reality but could negatively affect the friendship between the United States and Japan. We ask only that the Facts be objectively regarded so that we may share a correct perception of history.

Translation of an article demonstrating that there was no organized or forced recruitment :Misconceptions about comfort women and the Japanese military **http://www.sdh-fact.com/CL02_1/31_S4.pdf**

Assentors

Diet members

The Liberal Democratic Party of Japan

MASAAKI AKAIKE, TOMOMI INADA, TAKU ETOH, TAKASHI OTSUKA, HIDEAKI OKABE, YUICHI OGAWA, CYUBE KAGITA, YOSHITAMI KAMEOKA, MINORU KIHARA, TSUKASA KOBIKI, MANABU SAKAI, YOSHINOBU SHIMAMURA, MOTOSHI SUGITA, KEISUKE SUZUKI, KENTAROU SONOURA, MASAAKI TAIRA, TOORU TOIDA, TOURU DOI, MASAKI DOI, KATSURO NISHIMOTO, JUN HAYASHI, YOSHIHISA FURUKAWA, FUMIAKI MATSUMOTO, YOUHEI MATSUMOTO, YOUJI MUTOH, KAZUO AICHI, TOMOHIRO YAMAMOTO, ATSUSHI WATANABE, YOSHIO NAKAGAWA

The Democratic Party of Japan

KENKO MATSUKI, HIROFUMI RYU, YOSHIO MAKI, IZUMI YOSHIDA, TAKASHI KAWAMURA, TAKASHI ISHIZEKI, KENTA IZUMI, HIDEO JINPU, KENJI TAMURA, EIICHIROU WASHIO, KEIROU KITAGAMI, JIN MATSUBARA, SINPEI MATSUSHITA

Independent

SHINGO NISHIMURA, TAKEO HIRANUMA

Professors / Political Commentators / Journalists

Professors *HAYARU FUKUDA, KOHICHI ENDOH, MASAHIRO MIYAZAKI, SHUDO HIGASHINAKANO, KAZUHIRO ARAKI, YOUICHI SHIMADA, TSUTOMU NISHIOKA, NOBUKATSU FUJIOKA*
Political Commentators *HIDEAKI KASE, KANJI NISHIO, KOUICHIROU TOMIOKA, HISAHIKO OKAZAKI* **Journalists** *SHIGEHARU AOYAMA, HIROMICHI MOTEKI*

We, the undersigned members of the Committee for Historical Facts, endorse the public comment presented above

Taro Yayama	Yoshiko Sakurai	Nobuaki Hanaoka	Koichi Sugiyama	Kohyu Nishimura
Political Commentator	*Journalist*	*Political Commentator*	*Musician*	*Journalist*

ITOPIA MINAMIAZABU 603 16-8, MINAMIAZABU 3-CHOME, MINATO-KU, TOKYO, 106-0047 JAPAN

ねています。オバマ大統領が人権派の弁護士出身とわかっていて、わざとやっているのではないかと思えるほど、挑発的なことをアメリカに対してもやったわけでしょう。

川口　オバマ大統領としては、安倍首相には会えませんよね、これでは。

半田　会えませんよ。だから、第2次安倍政権で首相就任直後の2013年1月、会談を断ったのでしょう。

川口　いまだってつれない……。

半田　アメリカが13年秋にシリアの空爆を計画したときだけではないでしょうか、久しぶりでしたよね。13年2月に会い、半年以上会わなかったわけですから。

川口　日本と中韓との関係が異常だと言っていますが、アメリカとの関係が、じつはもっと異常なわけですよ。

半田　新聞は軽視していますが、13年10月東京で「2＋2」（日米安全保障協議委員会）をやったとき、ヘーゲル国防長官とケリー国務長官の2人が千鳥ケ淵の戦没者墓苑に行ったでしょう。あれはまさに、靖国神社の秋の例大祭の前というタイミングでした。

外務省に「これは外務省がセッティングしているのか」と聞いたら、まったく知りません、というわけです。アメリカ大使館と千鳥ケ淵が勝手にやっていることです、というんですね。日本政府がまったく無視されたのです。これは、「靖国に行くな」というアメリカの強烈な意思表示です。

川口　しかし、13年12月26日、靖国神社に「内閣総理大臣安倍晋三」の肩書きで献花し、参拝した。

半田　参拝したら、中韓との関係はさらに悪化することはわかりきっていましたが、誤算はアメリカの強烈な安倍批判です。「失望した」とまで言われた。来日したバーンズ国務副長官は小野寺防衛相との会談で、「韓国との関係が重要だから言っているのだ。東アジアの安全保障環境を悪化させた」と説明しています。アメリカは、これ以上、安倍首相に中国、韓国を刺激しないでほしくなかった。とくに韓国はアメリカの同盟国でしょう。

13年5月、朴槿恵大統領がアメリカに行った際、朴大統領とオバマ大統領が並んで記者会見をやったうえで、国会でも演説しましたね。それに比べて、安倍首相はアメリカに行ったとき、一緒に並んだ記者会見を用意してもらえず、戦略国際問題研究所（CSIS）*で演説しました。

＊戦略国際問題研究所（CSIS）：1962年にアメリカ合衆国のジョージタウン大学の付属研究機関として設立された超党派シンクタンク。1987年、独立した研究機関となり、現在はアメリカ陸軍・海軍直系の軍事戦略研究所でもある。

川口　国家機関でもないですね。

半田　ぜんぜん違います。民間のシンクタンクです。このような扱いの違いがあります。とくに、中国の習近平国家主席とは、オバマ大統領がわざわざカリフォルニアまで行き、２日間で8時間話しました。それに対し、安倍首相は1時間45分でした。中国や韓国のトップとの扱いの差をみると、まったく大事にされていません。

２０１２年12月16日衆議院選挙の開票日当日のテレビ東京に池上彰さんが出ていて、安倍首相にスタジオから「安倍さん、オバマさんに嫌われているみたいですね」と言ったら、「いや、日米同盟があるから大丈夫です」と応えていた。嫌われていることを認めていますが、密接な2国間関係があるから何とかなるということを言っているわけです。それは、池上さんが後に本に書いています。

川口　第2次安倍内閣の直前、野田佳彦首相が退陣表明をした後でしたが、野田首相のときは安倍首相と違ってもう少し扱いが上でしたよね。

半田　それは「アメリカが考えるとおり、消費税を上げる」など、アメリカの言いなりになってやっていたからでしょう。だから「日米関係を立て直す」

という安倍首相の言葉に対し、アメリカは非常に違和感を持っていたと言われています。民主党政権の野田さんとは非常に良好な関係だった、日米同盟の強化と安倍首相は言いますが、もう十分に強固になっていたのですから。むしろ、歴史認識やタカ派的な考え方など、個人に問題があると見ているのではないでしょうか。

川口　これは不幸な話です。安倍首相個人のために、日米中韓の関係が壊されているわけです。日本の一部メディアは、中韓の批判をくり返していますが。

半田　安全保障環境を自分で悪化させておいて、改善しようとする努力はほとんどみられず、関係が悪くなっているから集団的自衛権だというのはおかしな話です。まして、万一、尖閣を巡って中国と武力衝突する事態があった場合、集団的ではありませんよね。自国のことなのですから、個別的自衛権でやる話です。

集団的自衛権の行使で日本を助けに来るかどうかはアメリカの話で、それらを混同し、日本を取り巻く環境が危ないから集団的自衛権だというのは、論理が滅茶苦茶です。

日本を取り巻く環境が悪化しているのなら関係修復の努力をしましょうと

か、あるいは対話のチャンネルを増やしましょうとか、具体的な外交努力がなければいけませんが、それをしない。関係悪化のけりを軍事でつけようとしているように、うかがえます。論理は滅茶苦茶ですが、軍事で対応するという行動原理は明白です。

川口　しかも、自分で危機を高めておきながら、です。

半田　自作自演……。

川口　現実の集団的自衛権行使の際にも、自作自演がされかねません。

17　アメリカの狙いを読めない安倍政権

半田　2＋2でアメリカ側は、日本の取り組みを歓迎すると一応言っていますが、日本側からそのような発言をするように要請しているのですよ。

尖閣をめぐって中国と武力衝突する事態があった場合、集団的自衛権で助けに来るかどうかはアメリカの判断次第で、集団的自衛権の行使を容認したからといって、アメリカが出てくる保証になるとは限らないわけでしょう。

アメリカは少なくともオバマ政権のあと2年間は、シリア情勢のときにも、わざわざ議会に聞いて時間を稼いでいたように、地上戦を含む本格的な戦争はやらないと思います。ただ、オバマ後にまたブッシュのような大統領が現れて、イラク戦争やアフガン戦争のような戦争をしないとも限らない。少しでもアメリカの若者のかわりに、日本の若者が犠牲になったほうがありがたい、というわけでしょう。日本がそのような仕組みをつくっても、アメリカはけっして損はしないということでしょう。

川口　基本的にアメリカは、安倍首相のすることについては警戒している、と思いますね。しかし、アメリカが日本に集団的自衛権行使を認めさせるという基本的な政策については、揺るがないでしょう。

アメリカの世界戦略が大きく変わってきています。自分の国力で戦争を戦い抜いて、若い兵士を犠牲にしても、軍事的介入を優先するという方針から、イギリスや日本、韓国といった衛星的に取り巻く各国に兵士を出させ、死ぬのはそちらの若者という仕組みに変えようとしている、このようなアメリカの軍事政策の転換が明確に見て取れます。

半田　安倍政権はその政策転換を補う役割を果たそうとしているのでしょうね。日本がアメリカの凹んでしまった部分を穴埋めするという役割をすれば、それなりに日米同盟の強化だと思っているわけです。ただ、アメリカにとって厄介なのは、日本が軍事力を強化する、憲法解釈を変えてまで戦争をしやすくするということが、中国や韓国から、どう見られているかということです。日本の体制変革が東アジアの不安定要因になるようでは本末転倒です。

そのため、いま、アメリカは積極的な評価をしていない。そこで、日本側から言ってもらうように仕組んでいるわけです。日本によるアメリカへの軍事的肩代わりは、長い目で見れば、アメリカも助かりますが、もっとも重要なのは、日本が東アジアで問題児にならないことだ、というのがアメリカの立場だと思います。

むしろ、そのような力が日本にあるなら、共同訓練に参加してオーストラリアを鍛えてくれ、と思っているんじゃないでしょうかね。これまでアメリカがオーストラリア軍を鍛えていたが、余力がないので頼むよ、と。さらに、アメリカ軍がやっていた南シナ海の警戒監視活動などもできれば自衛隊が独自でしてくれ、というわけでしょう。アメリカが日本に期待していることは、せいぜいそのようなことではないでしょうか。

川口　安保法制懇などでも、類型で必ず出てくる特定の国は、北朝鮮あるいは中国で、アメリカに攻撃をしかけるという想定になっていますが、そもそも、歴史上、国家としてアメリカを攻撃した国は、日本しかありません。アメリカが本質的に恐れているのは、じつは日本だと思います。いま、その警戒感が、アメリカやイギリスなどで高まってきていることが、欧米の新聞から見て取れます。

半田　潜在的には、日本が一番こわいわけですよね。そのため、「瓶のふた論」というのがありました。在日アメリカ軍がなぜいるかと言うと、日本を守るためでなく、日本が暴発しないために瓶のふたになっているのだ、という論ですが、これは間違いなく、現在でも通用します。

川口　これは私の評価ですが、安倍政権も単純にアメリカの言いなりになっているだけでなく、便乗している部分があると思います。アメリカの要求に従って、集団的自衛権行使を容認するが、アメリカの意のままかと言うとそうではない。

安倍政権は、対中国包囲外交をおこない、ASEAN*諸国に対して「中国につくか、日本につくか」の二者選択を迫るような外交をおこなっている。まったく上手くいっていませんが、安倍政権の狙いとしては、フィリピンな

＊ASEAN：東南アジア諸国連合。東南アジア10カ国の経済・社会・政治・安全保障・文化に関する地域協力機構。

ども連携し、中国を軍事的に包囲していく、そのために集団的自衛権を使えるようにしよう、という戦略を持っています。

集団的自衛権の説明をする際、日本と密接に関係のある国の中に、アメリカだけでなくフィリピンなど中国と領土問題を抱える国が明示されています。これは、ASEANの平和構築の積み重ねを否定し、これまでのASEAN+3*を積み重ねてきた日本の外交の実績も否定することになる。安倍政権は、きわめてシンプルに、軍事力によって中国と対峙していくことを基本戦略にして、いわば平成の富国強兵政策を取っているわけです。

ここにはアメリカの支配力が落ちてきたことに便乗して、日本の軍事的存在を強化し、影響力を高めたい、という狙いが明確にあると思います。そこはアメリカもわかっているはずで、暴発させない配慮というか、政策的な重しをかける必要があると考えている。そのあたりで、アメリカと日本との政策的な矛盾がいずれ生じるのではないでしょうか。

半田　韓国で報道されていましたが、アメリカの高官が、「日本の集団的自衛権を何とか握る」と発言したそうです。つまり、韓国と日本の集団的自衛権は非常に限定的なものだ、抑制的なものにする必要があるというのがアメ

*ASEAN+3：1997年から日本・中国・韓国の3カ国首脳を含むASEAN首脳会議の拡大版がスタート。

リカの認識だと思いました。

その後、高村正彦自民党副総裁が与党の公明党を取り込むため、「限定容認論」を出して、他国の領域には行かないと説明し、政府・自民党の見解になりましたが、一度、憲法解釈を変更してしまえば、そうはいかない。アメリカを中心にする多国籍軍のイラク戦争を支援するために、すでに自衛隊をイラクに派遣した実績がある。専守防衛の憲法解釈の時代にできたことが、なぜ、集団的自衛権行使が容認された憲法解釈の下でできないのかという主張がされるはずで、いずれは他国の領土、領海、領空までが活動範囲となるのは間違いありません。

川口 そのあたりは韓国も警戒していますよね。

半田 集団的だろうが、海外での単独の武力行使だろうが、日本が外に向けて出てくるおそれが高まってきたことが、韓国にとっては嫌なことなのでしょう。

川口 「他国が日本の集団的自衛権行使を支持しているなか、韓国は反対」という報道がありましたが、本当に他国は支持しているのですか？

18　事態を悪化させる中国封じ込め戦略の問題

半田　2013年1月、安倍首相がベトナムに行きました。そこでは集団的自衛権のことには触れず、現在の取り組みとして、「積極的平和主義*」のことを話しているのです。

川口　カンボジアやラオスでは、医療支援の話を強調しましたね。

半田　それも変な話ですが、選挙運動の公約と一緒で、いいことばかり言って支持を集めますね。支援・援助を約束しておきながら、実は、集団的自衛権行使容認の腹づもりがあったのだ、などと後から言い出せば、アジア各国から話が違うじゃないかと言われるおそれがありますよね。

川口　中国を包囲するために、ASEAN各国を廻っていましたが、あれは大変問題がある外交活動だと思います。これまで外務省は、ASEAN+3などを積極的に主導してきました。ASEANという枠の中に日中韓を入れながら、領土問題についても平和的に集団的に解決していきましょうという路線をとってきた。これは外交の知恵だと思うのです。外務省も、軍事力に

＊「積極的平和主義」とは、ノルウェーの平和学者ヨハン・ガルトゥング氏が「消極的平和」を戦争のない状態、「積極的平和」(Positive peace)を戦争だけでなく貧困や搾取、差別などの構造的な暴力がなくなった状態、と定義して定着した概念である。しかし、最近、安倍首相が多用する「積極的平和主義」は、安倍首相のスピーチにおいて、「Proactive Contributor to Peace」と英訳されていることからも、ガルトゥング氏が唱えた「積極的平和主義」とは全く異なるものであり、集団的自衛権行使容認も含め、日本が海外でより積極的に武力を行使することを意味すると指摘されている。

依存しない形で、アジアの問題を解決するためにそれなりに工夫を積み重ね、がんばってきた部分もあると思っています。

しかし、今回、安倍首相が東南アジアの国を廻っていて、カンボジアに行けば、国際海洋法*による法の支配を厳格化しようなどと広言するわけです。なぜ、カンボジアにまで行ってそのような話をするか、ということですよね。カンボジアは、中国との関係では、海洋上の問題を抱えていません。明らかに、中国をけん制する発言を、わざわざ首脳同士でするわけです。そのうえで、医療支援などのお金の話をし、懐柔しようとしている。

ASEAN内での対中国問題を顕在化させ、これまでのASEANの平和的な対応・取り組みをしていこうとする関係を壊しかねないと思います。中国を包囲するためにASEANを利用する、という安倍首相の外交は、本来してはならないことをしている気がします。

半田　2010年のASEAN地域フォーラムに出席したヒラリー・クリントン国務長官が、「航行の自由を守ろう」という主張を宣言のなかで打ち出したのが、中国にとっては大変なショックでした。中国はASEAN各国に援助金を手配りし、「変な話には乗るなよ」と押さえにかかっています。

＊国際海洋法：領海の確定、大陸棚の資源利用、公海の利用などに関する海洋にかかわる国際法規の総称。

そこに安倍首相が後から行って、支援・援助の話をしている。ＡＳＥＡＮ諸国は、両方からお金をもらっている格好になっていますね。丁半バクチで両方に張っているようなもので、したたかです。やはり中国につく、となることもあるでしょう。結局、日本の外交は本質的な外交になっていません。

もっと日中関係を真剣に考えなければいけないのは、多少鈍ったとはいえ、中国はまだ世界でも有数の経済成長率を続け、国防費も12兆９０００億円あり、日本の倍を超えていることです。国防費が毎年2桁ずつ伸びていくと、アメリカを抜く日が来るでしょう。日本は13年の防衛計画の大綱で、艦艇を増やすとか、尖閣を監視するための高高度無人機を購入するなどと言っていますが、中国との軍拡競争で追いつくわけがないのです。どこかで限界がきます。いま進行している自衛隊の軍備拡張計画は、必ず社会保障分野に大きなひずみを来します。中国と軍拡のチキンレースをやった後、結局、負ける日が必ずきます。

川口　軍拡が財政を圧迫していく事態が拡大していくわけですね。

半田　自衛隊だけ妙に大きくなり、その煽りを受けて社会のあちこちが痛み、のたうち回る国になってしまいます。

中国とのつきあい方をきちんと考えたほうがいいでしょう。中国は図体のでかい「ガキ大将」なのです。日本に対して射撃管制レーダーを向けてしまったり、アメリカのEP－3に戦闘機がぶつかったり、国際ルールがまだよく理解できていない、やんちゃ坊主のところがあります。

たとえば、アデン湾*での海賊対処行動などでは、日中が協力して役割分担ができています。海外に出てくる部隊だからかもしれませんが、非常に洗練されており、英語は日本人よりもずっと上手です。そのような小さな交流のポイントでもいいので、互いに腹を割って話せるような関係を少しでも築いていかないと、いずれは中国に見下ろされる日が必ず来るわけです。

それを妙に、けんか腰で対決しようとばかり考えていたら、手痛いしっぺ返しを喰らうような気がします。

川口　中国自身も、日本で軍国主義が復活していることを口実にしながら、軍拡を進めてくるわけで、日本が軍事的な政策に傾斜すればするほど、中国の軍拡に拍車がかかる。チキンレースがますます加速してしまいかねません。日本からわざわざ相手に口実を与えるようなことをしてはいけない。さらに、中国の軍事力の脅威についてはアジア地域全体で話し合う枠組みを作ってい

＊アデン湾：アラビア半島、アフリカのソマリア半島に挟まれた東西に細長い湾。イエメン、ジブチ、ソマリアと接している。

く必要があると思います。

私は、中国の軍事的脅威は軽視できないと思っています。中国の脅威はないから、対応を考えなくてよい、という立場には立ちません。しかしだからこそ、軍事力で対応するのでなく、地域的な枠組みをつくって、中国との相互的関係を築いていきましょう、と考えています。ここに話を集約していかないと、中国自体も際限のない軍事費の拡大で破綻しかねません。

半田　旧ソ連はそれで破綻したわけです。最近、鳩山由紀夫さんがまた言い出している東アジア共同体構想*というのがありますが、たしかに日中首脳の話し合いだけでは仲の悪い者同士なので、腹を割って話ができるわけはない。日中の各界各層の人士の交流を盛んにして、経済、外交、安全保障など重層的な関係を築いていくことが外交の知恵だと思います。

19　対話の枠組みをつくれない日本の外交

川口　北朝鮮については、6カ国協議*という枠を、もっと有効に活用していくことが大事です。対中国との関係では、ASEAN＋3という枠組みをもっ

*東アジア共同体構想：東アジア地域を統合したブロック経済構想。各国によって地域の範囲構想はさまざま。2009年5月、民主党代表となった鳩山由紀夫は、友愛精神に基づいた「東アジア共同体」を提唱した。日本・中国・韓国を中心とした東アジアが集団安全保障体制を構築し、通貨の統一も実現すべきだ、とするもの（『Voice』09年9月号）。

*6カ国協議：中国が主催国となって2003年8月から開催。日本、アメリカ、中国、ロシア、韓国、北朝鮮の6カ国が北朝鮮の核問題を解決する協議機関。

と有効活用していく。単純に2国間だけで領土問題を交渉するのでなく、ASEAN＋3ということであれば、ベトナムやフィリピンなど、中国との関係で領土問題を抱える国が他にもあります。協調関係を保ちながら、日本も中国の不当な膨張政策に関しては、「やりすぎではないですか」という対話を重ねていく場、外交のチャンネルを豊かにしていくことが非常に大事だと思います。

最近、中国は「あなたやりすぎだよ」と言われれば、それなりに対応するようになってきている。変わってきている部分はあります。ルールを守らなければ国際的に孤立するということは中国も学習し始めています。

安倍首相が言うように、国際ルールの枠組みをつくって、それを中国に従わせる、たしかに国際法に基づく各国関係の構築は基本です。しかし、国際ルールに従わないからと言って中国と軍事的に対抗するように各国をけしかけるような対応でなく、日本が主導的に対話の枠組みをつくる方向にしていかないと、問題の解決につながらないと思います。

ASEAN＋3など、これまで日本が外交努力をしてきた経過に立ち返って、外交政策を取っていくことが大事だと思います。

半田　ＡＳＥＡＮ諸国でＪＩＣＡ*は、相当貢献しています。フィリピンの村で堤防を作り、河川敷を整備したことで、かつてひどい洪水被害に遭った地域で、台風に遭っても1人も被害が出ず、村に「ＮＥＥＤ　ＪＩＣＡ」という看板が掲げられた。またＪＩＣＡに来てほしい、というわけです。

南スーダンのＰＫＯの取材に行きましたが、やはりＪＩＣＡが相当活躍しています。このような日本のマンパワーをもっと活用してもいい。現在、南スーダンで実験的にやっているのは、ＰＫＯの枠組みでＪＩＣＡとＮＧＯ、自衛隊が連携して国づくりの支援をやるというものです。

能力構築支援と言われ、自衛隊が数人派遣されていますが、拡大版が可能なのではないでしょうか。世界には無医村があちこちにあり、医師にかかったことがない人もたくさんいるわけで、自衛隊の輸送力と日本の医療ＮＧＯの組み合わせで医療の提供など、やれることはまだまだ、アジアの中でも山のようにあります。

川口　これは異論があるかもしれませんが、私は自衛隊を武力行使に使うのでなく、本当の意味での人道支援の形で有効活用することには賛成する立場です。装備自体が武力行使を目的としている以上、人道支援にそぐわない面

＊ＪＩＣＡ：独立行政法人国際協力機構法による「開発途上にある海外の地域に対する技術協力の実施」「有償及び無償の資金供与による協力の実施」「開発途上地域の住民を対象とする国民等の協力活動の促進」「中南米地域等への移住者の定着に必要な業務」「開発途上地域等における大規模な災害に対する緊急援助の実施」など必要な業務をおこない、「国際協力の促進並びに我が国及び国際経済社会の健全な発展に資することを目的とする」機構。

はありますが、自衛隊の災害救助的な装備・機能を高め、そこをもっと伸ばしていく。日本国内で自衛隊が支持されているのは、災害救助でがんばるからでしょう。

半田　東日本大震災が1つのきっかけです。

川口　自衛隊に対する感謝の気持ちが出てくるのは当然ですよ。災害救助は本来的に自衛隊の任務ではないということで、自衛隊ではあくまで例外措置的な扱いの活動ですが、本来任務としてきちんと位置づける必要がある。対国内的にも対外的にも自衛隊が人道支援を本来任務とすることを宣言して、非軍事の場面での活動を拡大していく。日本は軍事力の行使をしないという実績を重ねて信頼を勝ち取りながら、医療支援や選挙監視の支援など、多重的な支援をしていく。このことが今後も求められているし、できる能力を持っています。

そこを軍事力だけに突出させると、自衛隊の利点を壊してしまう。安倍政権が現在やろうとしていることは、世界が求めている日本ならではの活動をみすみす捨て去りかねません。

半田　13年11月のフィリピン台風で、最大の派遣国は日本なのですよね。アメリカは空母を派遣していましたが、自衛隊との演習で撤収してしまいました。日本は、国際緊急援助隊として派遣した空母型護衛艦のヘリコプター搭載護衛艦「いせ」、強襲揚陸艦型の輸送艦「おおすみ」、補給艦の「とわだ」の3隻がそれぞれの地域にいて、ヘリコプターのプラットフォームになったり、活動する陸上自衛官のホテルがわりになったりしました。3隻も出したのはそのときが初めてで、2004年12月のスマトラ沖の地震・津波のときでも国際緊急援助隊として3隻しか出していません。「いせ」という空母型護衛艦には2013年6月のドーン・ブリッツ13というアメリカとの統合訓練のときにオスプレイが降りた「ひゅうが」と同じ型ですが、災害時司令部機能が整備されていて、人命救助のための作戦室があります。1000人強の自衛官が丸腰で行っているわけですから、有効な活動をもっと展開すべきです。

ゲーツ国防長官が日本に来た際、「アジアの最大の脅威は自然災害だ」と発言している。もう、脅威は中国だのロシアだのという話ではなく、自然災害に立ち向かうために一緒に協力しようと言っていたのです。

現実的な認識は、安倍首相が言っているような「日本を取り巻く安全保障環境がますます悪化している」というようなことでなく、むしろ自然災害に対してどのように共同して取り組んでいくかということのほうが喫緊の課題ではないのかと思いますね。

川口　わが国があれだけ大規模な震災に遭遇し、原発災害が起きて、私たちはそこから大きく方針転換しなければならないのに、いまだ現実から遠く離れた国同士のドンパチの発想で安全保障を考えるだけという旧態依然の発想で政治を進めている。本当の意味での国民の安全保障を考えたら、国家間の戦争でなく、起こりうる災害に対してどのように対応していくのか、こういうことへの国際的な連携を強めていくことが求められていると思います。

半田　どうしてもそれでは丸腰で寂しい、と言うなら、国防のための最小限程度の装備はあり得るかもしれない。しかし、自衛隊員には実任務としてよく振り返ってみてほしいのです。君らは年間６００回くらいも災害派遣に行って、ＰＫＯに出て道路を直し、国際緊急援助隊として医療とか防疫活動をした。そのことしか君らはやっていない。安倍首相は実戦に参加させて、汗も血も流させたいと思っているかもしれない。しかし、戦場で戦うための厳しい訓練を重ねていても、戦後、１人も実戦で殺されも、殺してもいないのが自衛隊です。

現在の状況を見るにつけ、自衛隊員にはそのことに誇りを持ってくれと言いたい気持ちで一杯です。

20　アメリカ議会調査局が指摘した「安倍首相は右翼の国粋主義者」

川口　私も、これまで自衛隊が9条の枠の中でやってきた人道的な活動は、きちんと評価すべきだと思います。

半田　9条があったからこそ、その枠にとどまったのです。

川口　もし、9条がなければ、このような特異な形での自衛隊の発展というものはなかったと思います。結果的に9条があったことによって、その環境の中で人々のために何ができるのかと真摯に考えた結果、災害時に役に立つような自衛隊に育ってきたということです。

半田　こんな特異な軍事組織は、世界にありません。日本は専守防衛でもあり、参議院で海外派遣なさざる決議*もあって海外に行きませんでしたが、行ってみて非軍事で意外にやれるという自信がついたのです。まず、士気が高い、

＊海外派遣なさざる決議：自衛隊の海外出動を為さざることに関する決議。1954年6月2日参議院本会議。
「本院は、自衛隊の創設に際し、現行憲法の条章と、わが国民の熾烈なる平和愛好精神に照し、海外出動はこれを行わないことを、茲（ここ）に更（あらた）めて確認する。
右決議する。」

技術力がある、礼儀正しいと、どこへ行っても称賛され、相当自信を持っています。

川口　その国の国民に銃口を向けてこなかったから、信頼を得てきたわけですよね。

半田　どの国を見ても、軍隊はこういうものではありませんが、自衛隊だけは別だ、と。本当に『サンダーバード』*のような組織になってきていた。

川口　せっかくの『サンダーバード』を『スターウォーズ』のような軍隊にしてしまうのは、愚行です。憲法があって、その枠のなかでの自衛隊の発展がまさに国際的にも求められています。私たちも国際人道支援の任務に誇りを持って自衛隊を送り出し、そのような役割を果たす自衛隊を育てていく。9条をなくし、憲法を壊して、自衛隊をただの軍隊にしてしまうのは、日本の損失だけではなく、国際的な損失だと思います。

半田　解釈変更によって姿を変えた日本国憲法は周辺国の脅威になるだけでなく、アメリカを含めて世界の脅威になってしまいます。それはまさに、太平洋戦争に突入していったときの日本と同じ。太平洋戦争前夜に戻すことに、何の意味があるのかということです。

＊サンダーバード：イギリスで放送された人形劇のテレビ番組（1965年〜1966年）。秘密組織国際救助隊が世界各地で事故や災害に遭遇した人々を救助する物語。

川口　今まさにものすごい勢いで、大戦前夜をわざわざ作り出すような状況に、一気に突き進んでいます。富国強兵政策は70年前、敗戦とともに破綻したのに、同じような富国強兵政策をまたくり返している。

半田　本当に残念です。ただ、ゴールはまだ先にあると安倍首相は正確に判断しているから、これからの9条と憲法の理念を1つひとつつぶしていくステップを踏んでいくでしょう。それをどのように止めていくかということも考えていかなければなりません。次の総選挙まで2年半もないわけですから、やはり、憲法擁護の国民世論を高めていくことが緊急の課題です。

川口　秘密保護法についても、終盤になってようやくでしたが、国民世論が無視できないほどの高まりを見せました。秘密保護法が成立した後、集団的自衛権による解釈改憲など、一連の「軍事国家パッケージ」の強行が続いています。

全体が一連のパッケージであることを理解して、集団的自衛権の閣議決定による容認や、その後に続く国家安全保障基本法などに対し、もっともっと反対の声を大きくするような素地を、高め、広げていくことが大事です。国民の世論をもっと高めていくためにも、国家安全保障基本法の危険性や一連の関連法の改悪の内容を国民のなかでシェアしていくことが大事でしょう。

半田　アメリカの上下両院の議員が参考にする報告書を出している米議会調査局が、安倍首相を「右翼の国粋主義者」と指摘しています。するとアメリカへ行った首相は、「私を右翼の軍国主義者と呼びたいのであれば、どうぞ」と応じたことも驚くべき対応でした。

２０１４年１月、世界経済フォーラム年次総会（ダボス会議）に出席した安倍首相は、海外メディアを招いて懇親会を開きましたが、その席上で経済的に依存し合っていたイギリスとドイツが第１次大戦では戦争をしたことを例に、日本と中国との関係について説明したのですが、そのスピーチを『ニューヨーク・タイムズ』、『フィナンシャル・タイムズ』、ＢＢＣなど世界の一流メディアが驚きをもって報道しました。首相発言の真意は「偶発的な衝突を避けるには対話が重要」というものでしたが、日中衝突の可能性があるとの例え話と受け取られたのです。

川口　安倍首相は世界から「話し合いより、戦争」という軍国主義者と見られているのでしょうか。

半田　だめ押しはやはり、靖国神社参拝ですね。アメリカから「失望した」*

＊失望声明：２０１３年12月26日、米オバマ政権は、安倍首相の靖国神社参拝につき、在日アメリカ大使館を通じて「日本は大切な同盟国であり友好国だが、日本の指導者が近隣諸国との関係を悪化させるような行動を取ったことに、アメリカ政府は失望している」との声明を発表。

と言われた首相になってしまいました。日本を世界の孤児にしてでも、自分の望む日本にしたいというのが安倍首相です。多くの国民は不安を感じているのではないでしょうか。

第5章　着々と進む「憲法破壊」

21　集団的自衛権行使容認の閣議決定

半田　集団的自衛権について話さなければいけませんが、それ以前に「グレーゾーン事態*」とか「後方支援の拡大*」という、大激論されなければならない問題が集団的自衛権行使容認の陰に隠れてしまった感じがします。

川口　集団的自衛権の問題の根底には、軍事力によって物事を解決していくという発想があります。グレーゾーン事態を過度に喧伝する、抑止力こそ重要であると主張し、防衛予算を拡大していく。潜在的軍事力を高める重要性を過度に強調しながら、まさに富国強兵の「強兵」政策を進めている、とい

＊グレーゾーン事態：有事とまでは言えないが、武装集団の離島上陸や公海上での民間船への襲撃といった警察権だけでは対応できない恐れのある事態を指す。

＊後方支援の拡大：政府はこれまで他国の武力行使と「一体化」するような戦闘地域でも後方支援は「武力行使」にあたるとしてきた。

うことが大きな問題だと思います。

半田　いままでの『防衛白書』では、平和国家を実現していく方法は、外交や経済あるいは文化とか人の交流、要するにソフトパワーを活用してやっていくと書いていた。わが国は軍事力には頼らない、特殊な国ですとあらかじめ宣言したうえで、武力行使を放棄してきたわけです。それによって国際社会の信頼を勝ち得てきたし、経済的にも発展できたわけです。

　軍事に過度な予算を使わなかったことが、これまでの日本のいいところだったわけですが、安倍政権の国家安全保障戦略などを見ていると、非軍事が一定の役割を果たしてきたと評価しながらも、軍事で物事を解決していく方向に舵を切った。いわば、話し合いから力ずくへという大転換が２０１４年７月１日の集団的自衛権行使容認の閣議決定をもってほぼ方向が決まったということが言えます。平和国家を実現すると言いますが、それは偽りの看板です。

川口　「平和のために戦争」をしていくってことですね。

半田　ええ、「積極的平和主義」っていうのはまさにそのことですね。

川口　閣議決定に至るプロセスを、どう思っていますか？

半田　５月15日に安保法制懇から報告書を受け取って間もなく、自民党と公明党で与党協議が始まりました。全部で11回。１回ワンテーマで、政府側が「今日はこれについて話してください」と提示して、最初は、なるべくハードルの低いことから始めようということで、グレーゾーン事態から始まったわけです。

予行協議の政府の原案を見たら、グレーゾーン事態とはどんなものかの説明があって、「たとえば、武装集団が島に上陸をしたとして、彼らはまだ武力行使には至らないけれど、これにどう対処しましょう」という設問がありました。じつは原案には、「離島」ではなく「離島等」と書いてある。それに公明党が気づいて、いままで議論の前提として尖閣諸島をイメージして話し合ってきたはずなのに、突然「等」という言葉が出てきたのはなぜか、公明党の委員が政府に、「この『等』というのはどこのことですか?」と聞いたら、「たとえば北海道です」って答えていました。

北海道は人口密度が低い割には自衛隊が多い。いかにもありがちな、政府にとって都合のいい、自衛隊が活動しやすい場所をわざわざ選んでたとえ話にしている。そういうところを見ても、事態をご都合主義で解釈している胡散臭さがつきまといます。

結局、「グレーゾーン事態」への対応は、法律を改正するんじゃなくて、運用の柔軟性で行なうという線で協議は収まりましたが、相手が武力行使はしなかった場合でも、自衛隊が武器を持って出ていくなら、場合によっては先に撃つこともあり得るわけです。まさに、軍事力で物事を解決する国の典型だと思います。

おそらく、現行の自衛隊法の範囲では、治安出動とか海上警備行動に該当する事態でしょうが、その手続きに手間がかかるので、防衛大臣に包括的にその権限を与えておく。ヤバイな、というときには大臣の判断で「それ行け」と指示するわけです。大臣は文官なので、シビリアン・コントロール*は確保しているということなのでしょう。しかし、簡単に自衛隊に武器を持たせて紛争現場に行かせてしまうというのは、拙速にすぎます。

万一、日本に侵攻しようとする意図をもった国があって、日本が「グレーゾーン事態」に対して法律の弾力的な運用を始めたことをとらえて、民間人の格好をした兵士に武器を隠し持たせ、離島に上陸をさせる。その事態に対して自衛隊が制圧作戦を展開する。制圧行動の中で万一、自衛隊が先に撃っ

＊シビリアン・コントロール：文民統制。職業軍人でない文民が、軍隊に対して最高の指揮権を持つこと。軍部の政治への介入を抑制し、民主政治を守るための原則。

た場合、「わが国の国民を日本は傷つけた」と国際世論に訴え、反撃の大義名分にするかもしれません。これは旧日本軍のやりかたを想起させますが、相手が武器を携行している場合、挑発行動に対してたとえ自衛隊であっても武器使用を抑制する力はなかなか働かないでしょう。武力行使、武器の使用は慎重の上にも慎重でなければいけないわけですが、このような議論はほとんどされていないと思います。

川口　安倍政権の進め方を点検していくと、何ら法的権限がない人々によって事態がつくり出されているという特徴があります。安保法制懇は安倍首相の私的懇談会*にすぎない。

安保法制懇で話し合われるもっと前の時点で、報告書の骨子はほとんどできていて、安倍首相の意向も入っていたことは間違いない。安保法制懇は北岡伸一座長代理を中心に一部の人たちで文章を作っていると言われています。官僚も安倍政権の意向に沿って動いている。まさに出来レースです。

2014年5月15日に報告書が公表されて、安倍首相はその日にいきなり記者会見をして、現実には起こり得ない、子どもを抱いたお母さんのパネル（次ページ図参照）を見せて、日本人を輸送している米艦船を助けなくてい

＊私的懇談会：大臣や首長などの決裁により設けられる会合で私的諮問機関の1つ。法令に基づいて設置される審議会とは区別される。懇談会・懇話会・考える会・検討委員会・事務局などの名称が用いられる。私的諮問機関には法的な制約がなく、私人として意見を表明・交換する。

いのかと言うわけです。

それにしても、そもそも米艦船が日本人の民間人を輸送するってことはあるんでしょうか。

半田　ないですね。いままで、米艦船が輸送したことは1度もありません。２０１１年のリビア内戦のとき、アメリカ政府が、アメリカの民間船舶をチャーターして、各国の民間人を輸送した事例があります。その中に日本人は４人いました。

中東とアフリカには第五艦隊が駐留していますが、なぜ軍艦を使って民間人を救出しないのかです。戦闘中では、攻撃の対象になる危険性や、敵のスパイが紛れ込んで、軍艦をハイジャックしたり爆破したりする危険がある。事態が危うくなればなるほど、軍は文民を運ばない、これが常識のわけです。

実際、日米ガイドラインの協議で、周辺事態のときに日米が何を役割分担するかが議論されたときに、日本政

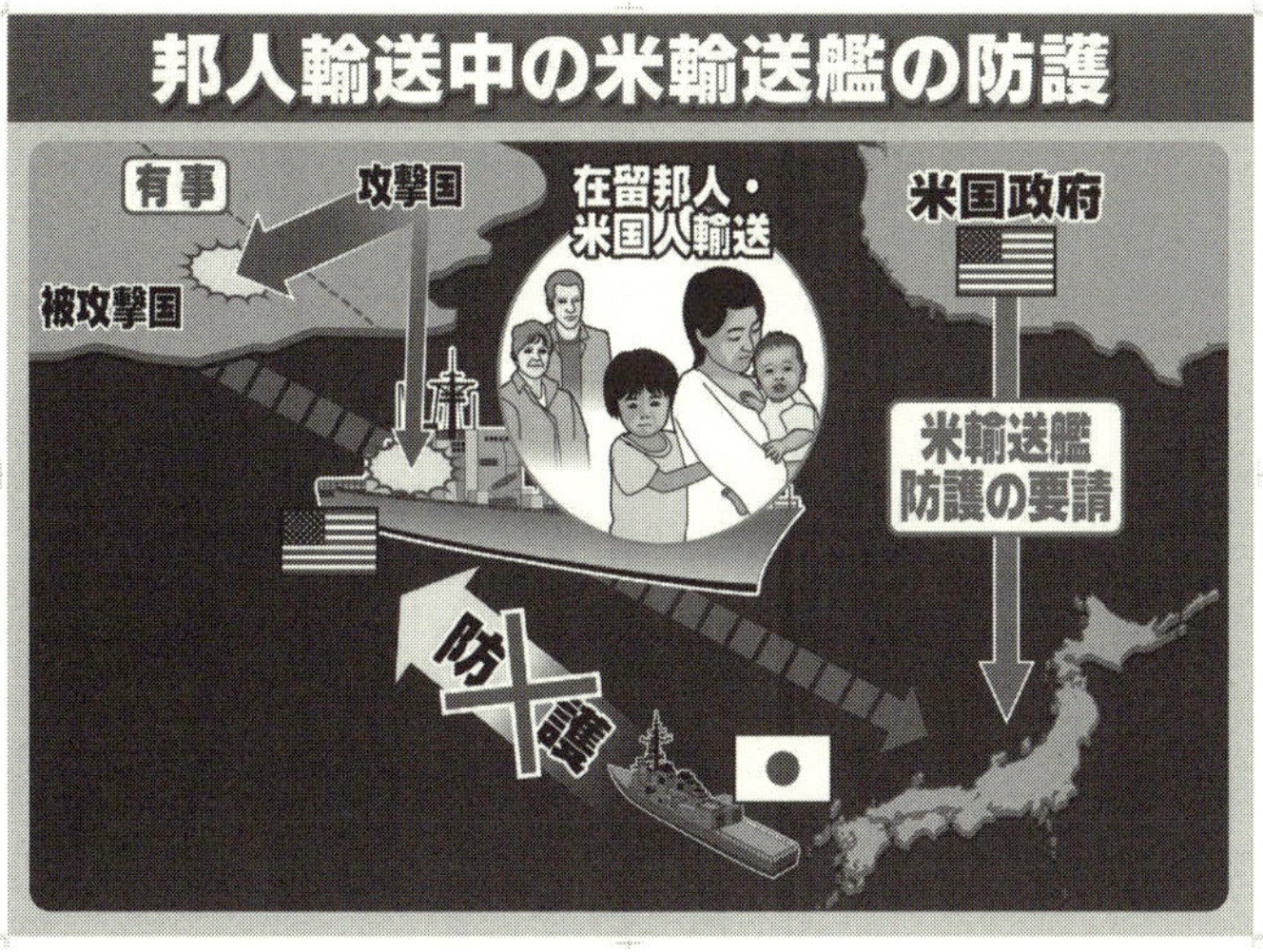

（出典：防衛省）

府からアメリカに、「万一朝鮮半島（すなわち韓国）で、日本人が取り残された場合、輸送してもらえないか」という話をしたら、アメリカは断っているわけです。その結果、日本政府は日本人を、アメリカ政府はアメリカ人を輸送するとはっきり書いてある。ただし、余裕があれば運んでやらんでもないみたいな、回りくどい但し書きがちょこっとついている。アメリカ政府は日本人を運ばない。だとすると、首相がパネルを使っておこなった説明はミスリードになります。

川口 ミスリードっていうか嘘ですよ、詐欺ですね。

半田 そんなことになったら大変じゃないかと思わせるための嘘ですね。首相が国民をだますとは本当にひどい話です。政治家は力ずくでも政策実現することが仕事かもしれないけれど、そんなことまでやるのか、と非常に驚きました。

川口 その後の通常国会の答弁では、日本国民は乗っていなくてもいいんだ、乗っていなくても米艦船を助けるのだと、安倍首相は開き直っていますね。しかしそのあと、７月１日の閣議決定の記者会見では、性懲りもなくあのパネルを出しています。国民はだませるものと思っているんでしょうね。

半田　5月15日の安保法制懇の報告書についての記者会見のほうが熱演だった。これから与党協議に乗り出すんだっていうことで、公明党向け、国民向けに力をこめて呼びかけたけれども、7月1日はもう閣議決定が出た後だから、また同じパネルを使ったけれどもおよそ熱意は感じられなかった。

考えてみればおかしな話で、アメリカの艦船を日本の護衛艦が守るだけの能力と余裕があれば、最初から自衛隊の護衛艦に乗せて帰ってくればいいだけのことです。邦人保護が目的であるなら、わざわざ、アメリカ軍に運んでもらうという手間をかける必要はない。

川口　日本の護衛艦が日本人を乗せていけばいいだけですよね。

半田　そうなれば単なる邦人輸送で、それでは安倍首相の考えている集団的自衛権の行使にならない。アメリカの艦船にわざわざ乗せることにして、それを自衛隊が守るという体裁を整えた、ということですね。これはまったくの架空の話で、ほとんどあり得ない話で国民に呼びかけたということです。

川口　5月15日に安保法制懇の報告書について記者会見し、そのあと公明党との協議に入るわけですが、公明党との協議でも、毎回毎回テーマを変えていて、しかもほとんど合意していないですよね。

半田　話し合っただけです。しかも、生煮えという感じではないでしょうか。話し合って次に持ち越している。持ち越したところで結論が出ないで、また次のテーマに移っている。毎回そのくり返しでした。だから、表の与党協議とは別に裏側でね、たとえば自民党と公明党の幹部が話し合って、「まあ、こんなところで」と、公明党の意見を一部取り入れることによって、妥協したということでしょう。自民党としては譲歩した、公明党としては意見が通ったということにして……。これは憲法論議の世界じゃないですよ。単なる、駆け引きともいえない取り引きです。取り引きによって、安全保障の屋台骨を根底から覆したってことです。

川口　自民党政権の建前と公明党の建前、それぞれを通すために憲法を犠牲にしたような感じですよね。

半田　まさにそういうことです。

川口　元内閣法制局長官の阪田雅裕さんが、与党議論で政策協議をするのは当然としても、憲法というのは政策よりも上にあるわけだから、憲法の議論を政策議論のようなかたちでやるべきではない、やってはいけないんだということをおっしゃっていました。少なくとも憲法を政策論争の一部のような憲法解釈の問題に矮小化して、政党間でやり取りしていること自体が誤りだと指摘していました。

半田　さっきの「アメリカの輸送艦に乗って来る日本人親子を守らなければいけない」と首相が言っても、憲法に照らしたら、集団的自衛権の行使になるからできませんと、いままではそこで話が終わっていたわけです。ところが、それが逆さまになっている。安倍政権の政策を実現する必要から憲法解釈を変える、それで閣議決定したわけです。

22　非戦闘地域の概念を取り払った後方支援と武力行使との一体化

川口　では、閣議決定された内容について、議論を進めますか。

半田　武力行使に至らない侵害の対象として、グレーゾーン事態のもつ危うさを説明したわけですが、もう1つの問題、後方支援と武力行使との一体化*の禁止が解除され、これによっていままではきちんと確認されていた戦闘地域と非戦闘地域の概念を取っ払ったわけです。

非戦闘地域の概念を取り払うことによって、現に戦闘がおこなわれてさえ

＊武力行使との一体化：他国の軍隊の武力行使を後方支援することも、「武力行使を一体として行う行為」とみなし、禁じている。そのため戦闘行為中の他国の軍隊への直接の補給、輸送、医療支援は認められない。

いなければ、自衛隊は他国の軍隊に対して、武器・弾薬、食糧、燃料など中身は問わない補給や輸送が可能になり、また、負傷した他国の兵士の救護活動に当たることも可能になりました。

しかし、これはすごく奇妙な事態を招きます。たとえば、ある朝、戦闘行為があって他国の兵士が多数死傷したとします。それで自衛隊がそこに駆け付けて救護に当たる、あるいは薬品、食糧、武器・弾薬を補給したりします。しかし、自衛隊の活動中に、ふたたび敵の攻撃があると、その時点で補給活動は「武力行使との一体化」とみなされて休止しなければなりませんが、救護活動のほうは続けていいことになっています。この時点で、武器・弾薬を欲しがっている兵士を前に撤退するグループと、引き続き負傷兵を救護するグループに分かれるというわけです。

しかし、そんな奇妙な事態は現実にはあり得ないでしょうね。もはや、多国籍軍なり同盟国軍に参加して、弾薬などの補給活動を担うことで敵への攻撃を支援しているわけだから、自衛隊は一緒になって戦争をしているとみなされます。攻撃の対象になることはもちろんです。これはまさに武力行使そのもので、国際紛争を解決する手段として禁止した、憲法9条1項に違反しているわけです。戦闘地域、非戦闘地域の概念を取っ払ってしまうと、武力行使の限定もなにもなくなり、実際の戦闘では屁理屈でしかありません。

川口 武力行使一体化の概念を限定すると言っていますが、実質的には戦地に自衛隊が踏み込むわけですね。すでに戦闘地域に踏み込んだ時点で武力行使、つまり参戦したということになる。当然敵からすれば、攻撃対象になるわけです。そうしたら、当然、自衛隊としては正当防衛を盾にして反撃する。実際、武力行使に踏み込むわけです。

安倍政権の政策には終始一貫して相手からどう見られるかという視点がまったく欠落しています。集団的自衛権の問題にも共通している問題です。

半田 日本が今回、憲法解釈を変えたとしても、いきなり戦闘場面で正面に立ってアメリカ軍と一緒に戦う事態になるのは、まだ先かなという感じもしています。ただし、その時期がいつなのかはあまり本質的な問題ではありません。

現に日本と密接な関係にある国がどこかの国で戦争をしているとします。日本はまず、後方支援から入っていこうとすると思います。若葉マークが付いた活動にとどめましょうっていうのは、わりと日本国民も、アジアの諸国も受け入れやすい、ということを考えるでしょう。

具体例をあげれば、いまはまだアメリカはアフガニスタンから全面撤退を決断しないでしょうが、ＮＡＴＯ諸国はだいぶ戦争疲れしています。この事態が進むとフレッシュな自衛隊が出ていって、ドイツ軍の代わりに後方支援をやってくれと要請が出てくるかもしれない。同盟国からの国際的な要請はむげにできないという世論操作に成功したら、アフガンに武装した自衛隊を派遣する可能性が出てくると思います。

ドイツ軍はいま、アフガンで治安維持活動と同時にメディバッグという、負傷した他国の兵士をヘリコプターで救助する活動をしていますが、じつは第1次安倍政権の時にそれを肩代わりしようと考えたことがありました。しかし、武力行使との一体化が指摘されたわけです。ヘリコプターに乗ってただ死傷兵を収容してくる行動だけじゃなくて、戦闘地域に乗り込むわけですから、安全を確保するために武力行使が同時に必要になるかもしれないっていうことになります。外務省と防衛省で調査団を出したんですが、結局、憲法違反になるということで断念した経緯があります。

だけど、死者・負傷者の収容という人道的な要素が強調されて、国民がそうかもしれないと思えば、日本国内の災害地救援の延長上のイメージで、自衛隊が派遣されるかもしれません。比較的国民も受け入れやすいのではないでしょうか。自衛隊はかつてアフガンに派遣*された経験もあります。

まずは「人道支援」のイメージを最大限利用して、自衛隊にも意外に重要な役割があるんじゃないかと国民に思わせ、やがてはやむを得ず、武力行使の一体化に進むことになったという筋書きが出てくるかもしれません。

川口　整理すると、まず、武力行使は禁止されています。だから、日本ができるのは、武力行使以外の行為ですね。しかし、日本の活動が、日本の自衛隊の活動が仮に非軍事活動だとしても、米軍などの軍事活動と一体化していると評価されれば、米軍の軍事活動と「武力行使の一体化」しているとして、憲法9条1項*が禁止する「武力行使」にあたり、憲法違反となります。これが「武力行使一体化」の議論ですね。これは「武力行使一体化」の議論ですね。

そういう意味では、非戦闘地域の論議は、武力行使に踏み込まない実際の歯止めとして機能していたわけです。それが非戦闘地域の概念が取っ払われ、武力行使一体化が容認されてくると、非軍事活動が米軍など他国の軍事活動と一体化していくということになる。

＊自衛隊のアフガン派遣：インド洋における海上自衛隊の補給艦と護衛艦の派遣（2001年11月から2010年1月）。派遣の根拠法は、時限立法テロ対策特別措置法、テロ対策海上阻止活動に対する補給支援活動の実施に関する特別措置法（新テロ特措法）。

＊憲法9条1項：日本国民は、正義と秩序を基調とする国際平和を誠実に希求し、国権の発動たる戦争と、武力による威嚇又は武力の行使は、国際紛争を解決する手段としては、永久にこれを放棄する。

武力行使一体化の禁を破ってしまうということは、その先にある集団的自衛権の行使に一気に進んでいきかねません。

始めは人道支援目的を掲げて、後方支援から始めるでしょうが、戦争の進展具合によってはどんどん既成事実が積み重なって、直接の武力行使までいきかねない。今回、そこまでいける体制、つまり法体系を作ってしまったっていうことですね。

半田　すでに紹介しましたが、川口さんが弁護団事務局長を務められた自衛隊イラク派兵差止訴訟*で、名古屋高裁は航空自衛隊の空輸活動は、アメリカ軍の武力行使と一体化していて憲法違反だっていう判決を出しましたね。

実際、航空自衛隊のC130輸送機が毎回のように携帯ミサイルに狙われたことを知らせる警報器が機内に鳴り響き、バグダッド空港に降りる際にはアクロバット飛行を余儀なくされたわけです。同じような活動をやっていたイギリス軍の輸送機が撃墜されて何人も戦死していますが、あのときに自衛隊機が撃墜されていたとしたら、どうでしょう。集団的自衛権の行使が認められていたとすれば、相手を掃討しないと集団的自衛権の行使の一環としての空輸活動が円滑に遂行できないという理由によって、地上で武装集団を発

＊自衛隊イラク派兵差止…17ページ参照。

見して、掃討作戦をやる必要があります、というようにエスカレートしていくことになるのではないでしょうか。

川口　10年前のあの時点で、集団的自衛権行使が可能になっていたとしたら、違憲な行動ではないということで、堂々と戦闘地域であるバグダッドへの輸送活動をしたでしょう。

それればかりか戦闘の最前線に立ち、多くのイラクの市民を直接殺し、自らも殺されるという事態になっていてもおかしくなかったわけですよ。

23　ＰＫＯでの駆け付け警護が狙う憲法9条の抜け道

半田　第1次安倍政権のあとの安保法制懇の中に、武力行使の一体化と同時に、駆け付け警護の問題があげられていました。ＰＫＯでの駆け付け警護*は、相手が国または国に準じる組織であった場合には、武器の使用は9条1項に違反「国際紛争を解決するための武力行使」になってしまうからできないというのが日本政府の解釈でした。

しかし、今回の安保法制懇の報告書では、ＰＫＯでの派遣は、停戦の同意

*駆け付け警護：ＰＫＯで活動中の自衛隊が、他国軍や民間人が危険にさらされた場所に駆け付け、武器を使って救助する行為。ＰＫＯ法の武器使用基準では認められない。「駆け付け警護」を可能にするため、「ＰＫＯ参加5原則」を実質的に見直し、武器使用基準を緩和する方向で検討を始めた。

があるようなＰＫＯ参加５原則＊の枠組みのもとでおこなわれているとすると、国または国に準じる組織は存在しないと断定している。

「国又は国に準ずる組織」に対しておこなった場合には、憲法９条が禁ずる「武力の行使」に該当するおそれがあることから、自衛官の武器使用権限はいわゆる自己保存型と武器等防護に限定されてきました。しかし、《以上を踏まえ、我が国として、「国家又は国家に準ずる組織」が敵対するものとして登場しないことを確保した上で》ＰＫＯでの駆け付け警護はやってもいいんだというわけです。ＰＫＯでは《紛争当事者以外の「国家に準ずる組織」が敵対するものとして登場することは基本的にないと考えられる》と断定している。

これは、ものすごくおかしい。自衛隊の最初のＰＫＯのカンボジア派遣のとき、ポルポト派による武力行使が問題になった。日本はポルポト派の政権をカンボジア政府として認定しているんです。これは国に準じる組織の典型なわけです。ポルポト派がいて、そこに自衛隊が派遣されて武器を使ったら、これは武力行使になるから、慎重に対応しなきゃいけないということで、活動が後方支援に限定されたといういきさつがある。20年前のことで、もうみ

＊ＰＫＯ参加５原則：我が国は国際平和協力法に基づき、次の基本方針に従い国連平和維持隊に参加することとしている。

1　紛争当事者の間で停戦合意が成立していること。

2　当該平和維持隊が活動する地域の属する国を含む紛争当事者が当該平和維持隊の活動及び当該平和維持隊への我が国の参加に同意していること。

3　当該平和維持隊が特定の紛争当事者に偏ることなく、中立的立場を厳守すること。

4　上記の基本方針のいずれかが満たされない状況が生じた場合には、我が国から参加した部隊は、撤収することが出来ること。

5　武器の使用は、要員の生命等の防護のために必要な最小限のものに限られること。

んな忘れてしまったのかな、と思ったわけです。

　イラクに自衛隊が派遣されているときには、フセイン首相の残党というのは国家に準ずる組織になるおそれがあるので、駆け付け警護はおこなわれなかった。ただ、じつは日本政府は明確には答弁していないんですね。そのあたり、「とは言い切れないこともありますが……」みたいなことを言ってごまかしているんです。

　ごまかしてきた過去をかなぐり捨てて、「国や国に準ずる組織ではない」というふうに断定している。たとえば、カンボジア派遣のときにすでに集団的自衛権の閣議決定があったとすれば、ポル・ポト派は軍隊のようではあるけれど、国や国に準ずる組織ではないと認定して、自衛隊は駆け付け警護もやれるし、なんでもできますよとなったはずです。イラクのときも、フセインの残党は国や国に準ずる組織ではない、と言えることになるわけです。

川口　ＰＫＯの話で非常に危険だと思うのは、テロとの闘いでは、相手はテロリストになります。９条の歯止めがきくのは国対国あるいは国に準ずる組織が相手のときにだけで、「国」とは関係ない相手だからフリーハンドになりかねない。これでは無限定な武力行使を可能にしかねない。

半田　私は、９条から平和国家という概念が生まれて、こんにちまで続いてきたと思っています。ＰＫＯはもう20年を経過して、言わば我が国の国際貢献の１つとして定着している。自衛隊がずっとくり返してやってきたのは、後方支援です。

ＰＫＯには前方があるから後方があるわけですが、前方は治安維持活動のために武装解除、治安確保の巡回をおこないます。後方支援は、直接的に戦闘をおこなう第一線部隊に対して弾薬・食糧・燃料の補給、道路、建物の維持整備などのあらゆる業務を包括する概念です。

じつは、前方こそがＰＫＯとしてメインの本来の任務なのです。Peace Keeping Force、平和維持軍と呼ばれる人たちですが、派遣の数が多いのが第1位はパキスタン、第2位がインド、第3位がバングラデシュ、第4位がエチオピア、第5位はルワンダ。すべて発展途上国で、兵士の日当が国の貴重な外貨獲得の手段になっている。

じゃあ、日本はＰＫＯで何をやっているのかというと、道路を直したり家を建てたりしている。韓国も同じようなことをやっています。要するに、ＰＫＯでもその国なりのやり方があるわけです。軍事・非軍事の要素が相まって、ＰＫＯの全体が成り立つ、そこをまったく無視しているわけです。要は自衛隊に武器を持たせたい、戦闘に参加させたいと思っていると考えるほかない。

川口　９条をなし崩しにしたいがために、ＰＫＯの実績を壊そうとしているんじゃないか。安倍政権はいままで日本が憲法９条があるがゆえに貢献してきたよい部分を壊している、というふうに思っています。

半田　まったくそのとおりですね。２００１年にはすでにＰＫＦの本体業務凍結解除*がされているわけですが、武器使用基準が厳しすぎると自衛隊はやらなかった。実際、自衛隊員としてやりたいのは、人助け、国づくりで、人殺しなんかじゃないっていうのが本音です。武器使用基準が厳しいことが幸いして、本体業務凍結解除がされても本体業務をやらずにきた。

しかし、いまの政治家には背広を着た関東軍のような妙な勇ましさがあって、これまでの制服を着た平和主義者みたいな自衛隊とは異なる「普通の国」の軍隊にしようとしている。

経済のアベノミクスでもそうですが、株価を高止まりさせておきたいと思うと、株を高止まりさせるためには、これまでタブーとされてきたことも、

＊ＰＫＦ本体業務凍結解除：自衛隊によっておこなわれるＰＫＦ（国連平和維持軍）の業務は、いわゆる本体業務と後方支援業務に分けられる。国際平和協力法案の国会審議の過程で、内外の理解と支持を得るまで、本体業務はおこなわないこととされていた。２００１年11月、ＰＫＦ本体業務の凍結解除を含む国際平和協力法改正案が提出され、12月に成立した。

構わずやる。

川口　なり振り構わず、ですよね。

半田　安倍首相の暴走に対して自民党の中でもブレーキをかける人がいなくなっている。むしろ内閣改造を前にその威圧に屈服しているように見えます。400人以上もいる衆参の自民党議員がヘビににらまれたカエルのように萎縮してしまっている。自民党全員がタカ派のように見えてしまっています。自分たちが決めて自分たちが実践してきた過去の理念や行動を平気で全否定するな、と思うんですよ。なんとも言いようがないですね。

24　まやかしの新3要件

川口　閣議決定の新3要件*について議論を進めましょう。

半田　他国への攻撃であっても、それが日本の存立を危うくすると。《我が国の存立が脅かされ、国民の生命、自由及び幸福追求の権利が根底から覆される明白な危険があること》となっている。たしかに、この定義のとおりに判断していったら、アメリカの軍艦がどこかの海で攻撃されたからといって、

＊従来の３要件	＊新３要件
①我が国に対する急迫不正の侵害がある ②排除のために他の適当な手段がない ③必要最小限度の実力行使にとどまる とされ、すべてを満たしたときに個別的自衛権が発動できる	憲法第９条の下で認められる「武力の行使」については、 ①我が国に対する武力攻撃が発生したこと、又は我が国と密接な関係にある他国に対する武力攻撃が発生し、これにより我が国の存立が脅かされ、国民の生命、自由及び幸福追求の権利が根底から覆される明白な危険があること ②これを排除し、我が国の存立を全うし、国民を守るために他に適当な手段がないこと ③必要最小限度の実力行使にとどまるべきこと

なんでそれが日本の存立を危うくするのか、日本人の生命や幸福追求の権利が根底から覆されるのか、関係ないということもできる。

およそ世界中で起きていることで、他国への攻撃で「我が国の存立が脅かされ、国民の生命、自由及び幸福追求の権利が根底から覆される明白な危険」なんていう、この第1要件に合致するような事態はないのです。だから公明党の山口那津男代表が言うように、これまでどおりの個別的自衛権の行使用件と変わりない、という見方が出てくるわけです。

安倍首相や自民党がこの新3要件で納得しているのは、最終的には、首相の総合的な判断でやればいいからです。極論すると、この文章はどうでもいいってことなんですよ。わざと曖昧に書いてあることによって、解釈の余地が生まれるわけで、要は政治判断というところにすべてが委ねられている文章なわけです。

川口　まず1つは、新3要件が従来の政府見解*の延長線上にあるのか、ということですが……。

半田　いや、ないですね。

川口　ないですよね。もともとの政府見解と今回の新3要件が出てきたときのロジックを比べると、まず異なるのは、議論の出発点がどこにあるのかという点です。

従来の政府見解は、憲法9条を素直に理解して、非武装だというところから出発しているんですね。

これに対して、新3要件の出発点は、「最初の「武力を否定する」という9条の原則論をすっ飛ばし、武力を肯定するところから思考が始まっている点が今回の閣議決定の大きな問題です。従来の政府見解とは議論の出発点が180度違います。「個別自衛権は認められるんだから、集団的自衛権だって良いだろう」というところから議論を始めることで、結局、9条の規範の根本的なところを否定してしまっているわけです。

半田　何が今回の動機づけかと考えていくと、安倍首相が集団的自衛権の行使をやりたいということに尽きる。その願いを叶える魔法の呪文が新3要件。要は、無条件というわけにはいかないから、いままで使ってきた文言を並べて、集団的自衛権ができるようになんとか工夫をしましたというのがこの新3要件でしょう。

川口　その《根底から覆される明白な危険》とは、じゃあ、どういう事態なのか、と言われれば誰もが同意する回答はないでしょうね。

半田 まるで法律用語のように見せていますね。

川口 私はこの新3要件を読んだとき、危険だなと思った理由の1つは、《我が国の存立が脅かされ、国民の生命、自由及び幸福追求の権利が根底から覆される明白な危険がある場合》というところからすると、個別的自衛権においても先制攻撃も積極的に認めるという話になることです。

半田 それは、敵基地攻撃論*ですね。その余地はいまでも残されています。

25 なし崩しに行使される個別的自衛権

川口 たしかにいまも内閣法制局も敵基地攻撃を全面否定はしていません。

半田 していないですね。でも、一発落ちてくる必要はない。必ず相手がやるという客観的な状況があれば、日本が先に攻撃することができるという見解をおそらく否定しないと思います。「我が国の存立が脅かされる」事態を拡大解釈することで、個別であろうが集団的であろうが自衛権を行使するというのが安倍首相がいちばんやりたいことなわけですから……。《我が国と

＊敵基地攻撃論：弾道ミサイルなどで日本に攻撃を仕掛ける他国の基地を、巡航ミサイルや飛行機による空爆などで攻撃する戦略。

密接な関係にある他国に対する武力攻撃が発生し》の文章を挿入することによって、個別的自衛権と集団的自衛権が同じものだっていうふうに見せているわけでしょう。

川口　私が心配しているのは、武力攻撃の出発点を曖昧にしていくことによって、個別的自衛権の行使も含め、武力行使そのものがなし崩しになっていく可能性はないかという点です。結局、個別だろうが集団だろうが関係なく、何か問題があったら武力によって先に攻撃しにいくぞという前のめりのマインドが広がっていかないかという心配です。

半田　安倍首相が就任してから歴史認識の問題で中国や韓国と関係が悪くなっていますね。靖国参拝*したことによって決定的に悪くなりました。尖閣については中国も海警局の船を出したり、防空識別圏*を設定しただけじゃなくて、実際にスホーイ27という戦闘機を飛ばして自衛隊機に異常接近するということまでやっているわけです。

つまり、首相自ら安全保障環境を最悪な状況にしておいて、相手が手出しがしやすいような環境を意図的につくりだし、日本もそれに対抗せざるを得ないような状況を醸し出している。安倍最高司令官が自ら脚本を書いて、自

＊靖国参拝：戦争被害を受けた中国や韓国は、東京裁判で「戦争犯罪の罪」に問われ有罪判決を受けたA級戦犯が靖国神社に合祀されていることを理由として、日本の政治家による参拝が行なわれる度に批判・反発している。A級戦犯を祀る靖国神社に首相が参拝することは、日本が侵略戦争を正当化するメッセージになる。

＊防空識別圏：98ページ参照。

衛隊や中国軍に演じさせているんじゃないだろうかという気すらします。そういう意味では、川口さんが言うように、個別的自衛権の発動をしやすい環境を意識的につくりだしています。

たとえば尖閣の問題というのは個別的自衛権の話なんだけど、中国との問題をなぜか集団的自衛権で解決したいと勘違いしている国民がたくさんいるのを利用して、武力衝突があると、それを理由に武力行使に踏み切りかねないわけですよ。

それと同じように、個別的自衛権による武力衝突があったとき、自衛隊が憲法上明確に位置づけられていないことが大きな問題なんだと言って、小さな衝突が憲法改正の呼び水に利用されかねないんじゃないか。武力衝突によってわき起こる、勇ましい方向に憲法を変えておかなくてはという世論を煽って、最終的な目的の憲法改正に近づくということを狙っているんじゃないかなという気すらしますね。

川口　自ら危険を作り出して、憲法9条を改正していく。そこに向けてどんどんシナリオどおりに進めているところがあります。

半田　一度作った法律でも不具合があれば、その不具合の部分だけを修正するわけですが、安倍首相のやりかたはそうではない。国会の答弁でも憲法は占領期にたった25人の委員で7日間で作ったものだから*、日本人の手で作り直すべきだ、これが彼の考えなんです。要は、戦後の体制を全部入れ替えていくということですね。

そんなことをやったら、日本の70年の歩みが全否定されるし、それこそ新しい国が誕生するのに等しいわけです。いままで少なくとも、日本がアメリカ好みの国に成長してきたから、安心して「同盟国である」とアメリカも言っていたものが、「もはや日本は他人だ」という関係になった場合、それは単に軍事的な問題だけじゃなくて、経済でも人的交流でもすべての面においてアメリカとの関係が悪化していくだろうと思います。

まったく政治的交流が断たれているいまの中国と日本の関係と同じ関係が、アメリカとの間でも生まれてくるんじゃないかなという気がします。

川口　いまの状況で心配なのは、むしろ対欧米との関係だと考えています。世界的に日本の孤立化が進んでいますね。『週刊文春』で、「日本・ロシア・北朝鮮『新三国同盟』の悪夢〝マレーシア機撃墜の核心〟」（2014年7月31日号）という記事が掲載されましたが、オバマ大統領とはろくに会談でき

＊憲法制定の背景：1945年10月4日、マッカーサーの示唆により憲法改正の作業が開始された。連合国軍最高司令官総司令部によって作成された草案を基に日本側による修正が加えられ、1946年11月3日に新憲法が公布。1947年5月3日に施行された。

ません。中国や韓国ともできていません。その中で唯一仲がいいのがロシア、そしてやたら会いたがっているのが北朝鮮です。

半田　ウクライナを巡ってロシアの軍事的な支援が世界的に問題になっていますが、２０１４年秋のプーチン大統領の来日に向けて安倍政権は全力投球している。日本のロシア制裁は欧米のほぼ周回遅れになっている。日本とロシアと北朝鮮っていう、世界の問題３カ国同士が友好を深めるという、悪夢の「新三国同盟」が構築され始めているんじゃないでしょうかね。

川口　まさに軍事力によって国力を誇示する、国民の自由は認めないという方向に日本は進んでいるように思います。政権内にも安倍政権に対していろいろ議論をしていくような度胸すらない、というような危険な状況だと思いますね。そういう意味では独裁国家に一気に進んでいるという指摘も多いし、目指せ北朝鮮、追い越せロシアみたいな方向性が強まっている。

半田　安倍個人がやりたいのは、法治国家から人治国家*でしょう。安倍晋三という人がやりたいようにやる国家、それは独裁国家なんですよ。民主的な選挙をしながら、日本がまさに独裁国家になろうとしているのは、ナチスドイツとよく似ているわけです。安倍首相に対して自民党でさえ何も言えない、

＊人治国家：法ではなく、人が治める国家のこと。時の政権の恣意で法律解釈が変えられるような状態の国家を指す。法学上の用語ではない俗語。

ましてや野党なんかまったく歯牙にもかけない。もちろん国民の意見は聞かない。憲法解釈は、国会の議論の中で確立されてきたという基本原則をまったく無視して閣議決定だけでよしとしているわけです。

川口　10年前のイラク派兵のときも、基本的に何を議論していたかというと2つしかないんですね。

1つは北朝鮮の脅威があるので、その中で、ここで自衛隊をイラクへ出さなければ、日米関係の信頼が損なわれてしまうことになるが、日米関係の信頼はぜったいに損なわれてはならない、そのために自衛隊を出すんだというロジック。

2つ目は、中東の石油に日本はかなり依存しており、中東の石油がなければ日本にとって死活問題だということです。

国会閉会中の新3要件の審議*（2014年7月14、15日）にあった議論で、どういう場合が《我が国の存立が脅かされ》るのかということを議論していたときに、安倍首相は、まさに日本は石油を中東に依存していると、そこで何かがあれば日本の中小企業はたくさん倒産するかもしれない。そうすると日本の国家が根底から覆されるような状況だというふうに議論を持っていく

*国会閉会中の新3要件の審議：2014年7月14、15日の両日、衆院・参院の各予算委員会での同問題に関する「閉日外審議」をおこなった。安倍首相は、「海外派兵は、一般に許されないという原則は変わっていない」と言いながら、「武力行使の新3要件」の下で、「集団的自衛権」の行使は「限定的に容認される」という主張をくり返した。

わけです。
結局、日本は中東の石油に依存しているとか、海外に資源を依存しているからとか、《我が国の存立が脅かされる》事態はなんとでも説明がついてしまう。そして、アメリカから自衛隊を出してくれと要請されたときに断ったら日米同盟の信頼が損なわれます、という日米同盟のロジックを出してくる。《明白な危険》というけれど、中東で何かがあったら自衛隊を必ず出す、アメリカから要請されたら自衛隊を出す、という判断です。なし崩し的になっていきますよ。安倍政権は《明白な危険》というマジックワードを手に入れることによって、フリーハンドを手にしたと思っているかもしれませんね。

半田　《明白な危険》に際して、たとえば「隊員の命は危険にさらされないのですか」と聞けば、「そのようなことはない」と、まるっきり自衛隊を不死身の体みたいな前提で話が進んでしまう始末です。

川口　しかも明確に答えない。

半田　あと、「集団的自衛権の行使によって戦争に巻き込まれるという誤解があるが、ありえない」って言っていますね。

川口　平気で嘘をつきますね。

半田　「ありえない」って言っている以上は、万一自衛隊員が海外で戦死しても、あるいは日本の近辺でアメリカの軍事行動に参加して戦死しても、そんな事態が起きることを想定していないわけだから、対処しないということでしょう。これはもう話にならない。入口まで国民を引っ張っていく。そこから先、ドアを開けたら崖があって転落するんだけれど、「いや、崖はないから安心していい」と言っているようなものですよ。

だけど、落ちるんです。必ず落ちて犠牲者が出るんですよ。それもまとめて何万人も死ぬかもしれない本格的な戦争に巻き込まれるおそれさえあるんだけれど、そこのところの思考を停止している。要するに、安倍首相の信念の実現として、集団的自衛権の行使を可能にしたい。ドアの向こうにある大惨事をまったく考えようともしない。ちょっと考えたら恐ろしくて、こんなことやるべきじゃなかったということになるからかな……。

川口　思考しない強さですよね、彼の強さは。

半田　今回の一連の言動、行動には安倍首相の個人的な資質、人間としての「冷たさ」ということが大きく影響しているように思えてなりません。彼が自民党幹事長のときにイラクの空輸活動が始まっています。その後、官房長官になりました。航空自衛隊の将官が「非常に危険なんです」と進言したら、「それは大丈夫ですよ、小泉首相も危険なことは承知してますから」と言って、まったく意に介さなかった。

川口　「危険なことは承知してますから大丈夫ですよ」って、大丈夫の意味がわからない。

半田　要は「逃げない」っていう宣言なんだと思います。犠牲者が出たときに「なんでそんなことをやっているんだ！」という国民の声が上がったとき、それに対して「いや、私が命令しました」と言って、逃げないと胸を張るのでしょう。犠牲が出ることを承知で、「犠牲になっても俺が責任とるから」と言ってるようなもんです。事の重大さを理解していないという意味では、すごく無責任な態度です。

そもそもマスコミなどに向けての説明で、「国連職員を運ぶ」とか「非戦闘地域に行く」と言っていたのに、実際はバグダッドに空輸するという任務だったわけです。アメリカ兵が何百人も乗っていたときに撃墜されていれば、アメリカから「何やってるんだ！」と言われて大問題になり、自衛隊員が何十人も死んだりしたら、政権が倒れたかもしれない。

そんな事故が起こる危険が十分想定され、事故が起こったとき、官房長官の安倍が「いや、自衛隊が勝手にやったんですよ」と言い出しかねないと懸念した将官が、「何があっても逃げないでくれ」という趣旨で陳情に行ったというのが実情なのです。

川口　責任をとろうとしていないですもんね、安倍首相は。

半田　責任とってないですね。忘れもしませんが、2007年の安倍首相が政権を放り出す前に、彼はAPEC首脳会議でオーストラリアへ行ってそこでブッシュ大統領と会い、「インド洋の洋上補給については継続する」と言って、それから数週間も経たないうちに政権を放り出したんです。

川口　所信表明演説の直前でしたね。

半田　国民投票法*を強行採決して、参議院選挙でぼろ負けした結果*、参議院では民主党が逆転したわけ。政権運営がうまくいかなくなったことによって、彼は首相の座を放り投げているわけです。首相を辞めなくてはいけなくなることは多少わかっていたと思うんだけど、オーストラリアに行ってアメリカのブッシュ大統領と会い、「今後も自衛隊による洋上補給は継続します」と、約束するわけです。

＊国民投票法：日本国憲法の改正手続に関する法律。日本国憲法第96条に基づき、憲法の改正に必要な手続きである国民投票に関して規定する。憲法改正手続きとして衆参両院の総議員の各3分の2以上の賛成で国会が発議し、国民投票に付し、その過半数の賛成を得なくてはならないと定めている。しかし、憲法改正原案の提出手続き、国民投票の投票権者や投票方法などについては、何ら規定していない。

＊参議院選挙の結果：自民党の獲得議席数は37議席と歴史的大敗を喫し、1955年結党以来初めて他党に参議院第1党の座を譲った。野党第1党の民主党は追い風を受け60議席を獲得し、参議院で第1党となった。野党は非改選議

それを信じて中東に取材に行って、隊員の話を聞こうと思ってアラブ首長国連邦でテレビを見ていたら、安倍首相が演説して辞めるって言ってるんですよ。隊員たちはもう呆然です。隊員たちに「これ、どう思いますか？」と聞いたら「何も言いたくないです」というような、当然といえば当然の反応がかえってきたわけです。

そういう無責任なことを平気でやってきた人が、なんで今も自衛隊の最高指揮官で隊員の命について責任を持つようなことが言えるのか、本当に憤りを感じます。

川口　これほど無責任な人に国家の命運を預けているっていうのは、国民としては大変なことですよ。

26　日米の軍事関係が規定される日米ガイドラインの改定

半田　安倍政権には不確実な要素もありますね。歴史認識に関わる日中韓の関係の悪化、消費税増税とアベノミクス経済、拉致問題、それとＴＰＰの問題なんかがある。これらの問題はこの本では語りつくせない……。

席と合計すると１３７議席となり、参議院における安定多数を確保した。

少なくとも安倍首相が２０１４年の年末までにやるのは、日米ガイドラインの改定*でしょう。仮に安倍首相が何らかの事情で途中で退陣しても、アメリカに対する約束ですから、アメリカと軍事的に一体化して集団的自衛権の行使ができる条件が担保されるわけです。アメリカからは「そう約束したよね」と、このあとずっと言われ続けます。日米ガイドラインの改定ができれば、個別法の改正*は来年でもいいという読みが出てくるんでしょうね。

川口　徹頭徹尾、国民の関与がないところで物事を進めようとするわけです。安保法制懇もそうだし、閣議決定で解釈改憲して国会論議をすっ飛ばしたのもそうです。とにかく国会、国民のいないところで一気に進めています。日米ガイドラインの協議にも国会、国民は手も足も出ない。

半田　日米ガイドラインは行政協定なんですね。アメリカの国防長官、国務長官、日本の防衛大臣と外務大臣の４人が署名するだけで協定が発効する。条約であれば国会で批准しなければならないから、全文を公開した上で説明を求めるという過程がありますが、それをする必要がない。行政協定が結ばれた後、法律を出しても、それはもう出来レースみたいなものです。

じつは97年にガイドラインを変えて周辺事態が起こったとき、日米で協力

＊日米ガイドライン：日米防衛協力のための指針（ガイドライン）のこと。日米安全保障体制下での自衛隊と米軍の役割や協力のあり方を定める指針。⑴平素、⑵日本への武力攻撃、⑶周辺事態の３分野で具体的な協力事項を規定している。

＊個別法の改正：政府は、集団的自衛権の行使を可能にするため、２０１４年秋の臨時国会で有事に備える武力攻撃事態法や自衛隊法など10本を超える既存の個別法を改正する方向で調整している。中心となる法律として、自衛隊法、日本の有事に関する法律として、武力攻撃事態法、国民保護法、特定公共施設利用法、米軍行動円滑化法、外国軍用品等海上輸送規制法、捕虜取り扱い法、非人道的行為処罰

すると決めて、99年に周辺事態法*が制定されていますが、そのときと同じなんです。

川口　節目節目のガイドラインの改定などで、日米の軍事関係が一気に動いていませんか？

半田　２００５年10月の米軍再編の中間報告もそうですね。米軍再編と自衛隊の中央即応集団のキャンプ座間への移転と航空総隊の横田基地への移転が決まっています。さらなる軍事的な一体化を宣言しているわけです。

川口　今回の安倍政権の暴走は、軍事一体化をさらに強固にしていくという点では、従来の延長線上にあるという気がする。

半田　ただ、いままでは、一応は憲法の枠の中という制限があった。

川口　憲法の歯止めを取っ払って、日米の軍事が完全に一体化するためのルビコン川を渡ったという印象を持っています。

半田　いままでの自衛隊の説明は、要するに必要最小限の実力組織だとしてきたわけでしょ。でも、海外で武力行使ができる組織であれば、これは軍隊でしかない。９条の２項に違反するわけですね。この点について、あまり指摘されていませんが、非常に重要な点です。

法、周辺有事への対応に関する法律として、周辺事態法、船舶検査活動法、国際貢献の推進に関する法律として、国連平和維持活動（ＰＫＯ）協力法、海賊対処法、国際緊急援助隊法、組織に関する法律として、防衛省設置法、国家安全保障会議（ＮＳＣ）創設関連法があがっている。

＊周辺事態法：周辺事態に際して我が国の平和及び安全を確保するための措置に関する法律。１９９９年5月28日公布。通常、自衛隊が軍事行動を起こす場合は、自国の領域において脅威が発生した場合のみだが、この法律は放置すれば日本に脅威をもたらす場合にも軍事行動をとることを可能とする。

川口　本来国会で論戦すべきは「9条2項」論だと思っているんです。集団的自衛権行使を容認する、ということは、自国防衛と無関係の戦争に参戦することですから、専守防衛とは必然的に矛盾します。これまで専守防衛を前提に議論が積み重ねられてきた自衛隊合憲論の論理とは明らかに矛盾する。専守防衛の枠を越えた、「軍隊」だということになれば、明確に憲法9条2項に違反してしまうわけです。

　自衛隊が9条2項違反になる。そうすると、自衛隊が交わすすべての契約は、違憲・違法になるわけです。理論的にはですよ。自衛隊自体が違憲違法だっていう存在に明確になっちゃうんですから、それを取り巻く法体系や契約環境が全部違憲・違法になりかねない。

　違憲・違法になった自衛隊の存在をどう理論的に整合性をつけていくか、国会でどういうふうに言い繕っていくのか、この議論を自民党ではまったくしていないと思います。野党でもそこを追及できる議員があんまりいないんじゃないか。いままでの自衛隊の合憲性の議論を前提とする以上、集団的自衛権の閣議決定は成り立たない話です。

半田　2015年の通常国会で自衛隊法など関連する改正案の内容をギリギ

リ詰めると、川口さんが言うように、自衛隊が、集団的自衛権行使を肯定する違憲の存在だっていうことを法律で裏付けたりすることになる。そうなると、政府自民党の内部からこれはまずいねという意見が出てきて、変な話だけど、今回の閣議決定のような曖昧な文章を法律に書き込むようなことにならないかと危惧しています。

閣議決定のような政治文書と、日米ガイドラインのような行政協定の解釈の幅がない文書を巡って、たとえば与野党の中で議論を詰めていくということになりますが、本当に恐ろしいのは文章がどんどん曖昧になることだと思います。わざと曖昧にして解釈の幅を大きくしたものにしておく。そうでないと政府の中でも通らないし、野党に追及されたときに言い逃れが利かない。

川口　そうすると、シビリアン・コントロール*が利かなくなってきますよね。

半田　そうです。自衛隊のほうでも、解釈も俺たちがするみたいな動きが出てきます。

川口　自衛隊や軍隊に対する憲法の縛りがなくなると、勇ましい人たちが中心になったときに、自衛隊が暴走しかねない。

半田　川口さんが言うとおり、もはやシビリアン・コントロールがきかない。

*シビリアン・コントロール：133ページ参照。

国会で何も規定していない。法律で規定していない以上、自衛隊はフリーハンドを与えられている、ということになりかねない。憲法は国家権力を縛る仕組みだけど、法律でやってはいけない禁止事項を羅列するわけです。秘密保護法*もそうですが、法律が曖昧な文章で書かれていったら、どうとでも恣意的に解釈できるから、なんでもやっていいということになる。

川口　９条には、自衛隊については明確に規定していないから、シビリアン・コントロールが十分きいていないじゃないかと誤解している人がときどきいますが、９条は戦後のかなり分厚い国会論戦の積み重ねがあって、そのうえで専守防衛の法体系ができてきたわけだから、縛りが利いている。

９条が曖昧化される、全部取っ払われていく、軍事が一気にフリーハンドになるという危険が進行していると感じます。

半田　すでに、たとえば日本はＰＫＯの指揮官を出すべきだっていうような話も出始めています。現在、自衛隊は南スーダンにしか派遣されていませんが、南スーダンで取材していて正直、自衛隊の隊長レベルでも現地の軍事部門の指揮官より教養も知識も上回っています。そうすると、自衛隊が指揮をとったほうがいいだろうとなってきます。

＊秘密保護法：特定秘密の保護に関する法律。２０１３年12月成立。漏洩すると国の安全保障に著しい支障を与えるとされる情報を「特定秘密」に指定し、それを取り扱う人を調査・管理し、それを外部に知らせたり、外部から知ろうとしたりする人などを処罰することによって、「特定秘密」を守ろうとする法律。「防衛」「外交」「特定有害活動の防止」「テロリズムの防止」に関する情報と、範囲が広く、曖昧で、どんな情報でも該当してしまうおそれがある。「特定秘密」を指定するのは、その情報を管理している行政機関で、恣意的に「特定秘密」にしてしまえるという可能性が指摘されている。

ただ、他国の軍隊に武力行使を命令することは、武力行使が憲法で禁止されていることと抵触するので、いままではやらないできたわけです。閣議決定で憲法解釈ができるとなれば、国連の集団安全保障措置への参加という線もあるけれど、テロ組織や武装集団は国に準じる組織ではないから、ＰＫＯで武力行使してもいいと制服組と防衛省が先行的に判断して、憲法上の制約でやれないと言われていたことをやりだすのではないかと心配しています。

川口　国際社会自体に不穏な流れがあります。独裁政権下での人権侵害や核保有、紛争、内乱などがあると、早々に「人道上の見地から先制攻撃やむなし」と簡単に武力介入を肯定しています。

これは伊勢崎賢治*教授がおっしゃっていますけれど、国際社会が武力行使によって解決しようと安易に踏み出していく、しかも人道上という言葉の援用でその後押しをしている。こういう軍事力に依存していくという風潮に乗っていくということになると、日本がいままで非軍事で貢献していた実績を壊してしまって、武力で解決するという方向に世界を一気に引っ張っていきかねない。

長期的には国際社会にとっても極めてマイナスです。

＊伊勢崎賢治：東京外国語大学大学院総合国際学研究院教授。紛争予防・平和構築講座を担当。ＮＧＯ・国際連合職員として世界各地の紛争現地での紛争処理、武装解除などに当たった実務家としての経験がある。

半田　２０００年頃からほとんど武力を行使してもいいPKOになっています。南スーダンでもPKO活動*の武力行使が許されています。たとえば、地元住民が殺害されるのを放置しているのはおかしいだろう、住民の保護のために武力行使が認められるべきだというふうに変わってきたわけです。

じつは、武力行使も「いいじゃないか」と書いてはあるけれど、実際に「じゃあ、やるか」と武力行使したPKOというのは、まだ1件もありません。だけど、もうすでに鍵が1つはずれているわけです。状況によっては、現実に武力行使をするPKOが出る日がくるかもしれません。日本が憲法解釈を変えて、PKOの指揮官として出ていって、武力行使をするという方針を出したとき、「世界は日本はそういう国だったっけ？」という話になるんじゃないでしょうか。非武装の日本がいたからPKOは重しになっていたと思っている人もいるでしょう。

南スーダンの首都ジュバの自衛隊は国際社会でも目立ちます。その自衛隊が一転して武力を行使するとなると、指揮官に恥をかかせるわけにはいかんとPKO部隊は結束する。それは、軍には軍の独特の論理があるからです。そういう意外な現場から国のかたちが変わっていく。

＊南スーダンでのPKO活動：２０１１年７月９日に北部スーダンから分離独立した南スーダン共和国の平和維持活動を主任務とし、治安維持及び施設整備部隊と警官を加えて構成され、市民保護目的の武力行使が認められている。

１９９３年５月の第２次国連ソマリア活動では、人道援助の環境を整える任務を多国籍軍から引き継いで発足した。これは、第7章を根拠にして自衛の範囲を超えた武力行使の権限を初めて認めた「7章型」のPKOであり、ガリ事務総長が92年6月にまとめた報告書「平和への課題」の中で提唱している「平和執行部隊」の性格も備えた新しいタイプのPKOと位置づけられている。これ以降、PKOは国連憲章第7章措置としておこなわれる例が大半となっている。

第6章　大きな曲がり角でわたしたちがするべきこと

27　集団的自衛権行使容認の閣議決定の撤回

川口　今後、われわれはどうしていくべきか、ということなんですが、やっぱり集団的自衛権行使容認の閣議決定の撤回を求めるということをきっちり言っていくべきではないかと考えています。これは違憲なんだ、これを撤回させるんだというところを視野に置かなければならないと思います。今回の閣議決定は、日本社会が積み重ねてきた大事なものを壊してしまいます。立憲主義を破壊する、民主主義も破壊する、平和主義も破壊する、国民主権も破壊する。

半田　本当に戦後の日本を破壊します。全体として戦後の平和国家を壊滅状態に追い込みます。

川口　近代国家としての基礎も壊してしまう。主権者たる国民をなおざりにして、首相が勝手に憲法を変える、国民が国家を縛る憲法*を壊してしまうわけですから、今後なんでもできてしまうわけです。

半田　閣議決定の撤回という目標には大賛成です。今回の閣議決定を支持する人たちもいると思います。自民党はもちろん、公明党も支持しているし、一部野党も支持しているわけでしょう。いままで起きていることを本当に正しいのか間違っているのか、しっかり考えてほしいと思います。

安倍首相が盛んに言っている「日本を取り巻く安全保障環境が悪化している」という言葉を聞くと、ほとんどの国民は「ああ、尖閣諸島で中国がいろいろやっているな」とか「北朝鮮が弾道ミサイルを撃ったり核開発をしているし、日本人も拉致されているな」、けしからんと思うわけです。それで、いろんなことをみんな一緒くたにして、「本当に日本はあぶないのかもしれない」と思っている人がいます。それが今回の閣議決定でちょっと安心したかもしれない。

起こっていることをきちんと説明する必要もあるし、それを理解した上で

＊国民が国家を縛る憲法：立憲主義。政府の統治を憲法に基づきおこなう原理で、政府の権威や合法性が憲法の制限下に置かれていることに依拠するという考え方。

国民が判断を示していく必要があると思うんです。たとえば、中国との尖閣諸島の問題については、いちばんいいのは棚上げして、お互いが武力衝突しないようにすることだし、日中間で官民挙げてそのための知恵を出しあうことでしょう。およそ武力衝突をするような場面であっても尖閣問題は集団的自衛権とはまったく無関係なこと、個別的自衛権の範囲で解決すべきことを理解してもらう必要があります。

北朝鮮の脅威と言っても、別に日本を武力侵略するためにあのような行動をとっているわけじゃない。むしろ、イラクがアメリカに滅ぼされたのを見て、核を持ったほうがアメリカから攻められないし、国際的な発言力も強化できると思い込んでいる。北朝鮮の好戦性を言い立てても、何の解決にもならないでしょう。北朝鮮を国家として存在を認めた上で、「核保有路線、軍事的な挑発が国際的な孤立を招いていて、いつまで経ってもまともな国と見られない大きな原因」ということを理解させる国の外交、民間外交が必要なはずです。

たしかに、拉致問題は大変けしからん事件ですが、自衛隊が出ていって解決するような性質の問題ではないわけです。北朝鮮の政権の一部が犯した犯罪で、警察の管轄に属する問題であり、国家間の話し合いで政治が解決すべき問題です。拉致問題は問題の一端で、北朝鮮の存在自体がけしからんから武力攻撃も辞さないという主張なら、ただの軍事侵略にすぎないでしょう。その行動によってたくさんの生命が犠牲になることは火を見るより明らかです。その点は安倍政権も間違っていない。拉致問題をめぐり再調査を約束させました。

いま日本が本当に問われているのは、軍事力ではなくて外交力です。軍事力が何一つ解決しなかったことは、アメリカがアフガン紛争とイラク戦争で見事に証明しています。なぜ学習しないのかと思います。

川口　日本人の学校教育の中で、現代の戦争についての学習機会は非常に少ないですね。

半田　イラク戦争では、日本は武力行使しなかったから一人の犠牲者も出なかったけれど、日本に帰ってきて2014年の3月までに陸上自衛隊では20人が自殺して、航空自衛隊でも8人が自殺*している。

航空自衛隊は空輸活動に従事していましたが、戦場から無事に帰ってきたあとに自ら死ぬという選択をしてしまう。この事実は「戦場ってなんなんだ」

*自衛隊員の自殺：イラクに派遣された陸海空の自衛隊員は5年間でのべ1万人。直接の犠牲者は出なかったが、帰国し、28人（2014年4月現在）が自らの命を断っている。隊員4000人を対象にした心理調査の記録によると、睡眠障害や精神不安など不調を訴える隊員が1割以上いる部隊があり、なかには3割に達した部隊もあった。急性ストレス障害を発症していると診断された隊員もいた。

ということを考えるきっかけになるはずです。我々はそういうことをちゃんと考えなければなりません。私たちマスコミの責任がものすごく重いと思います。それをなるべく平易に理解してもらえるように報道しなきゃいけないと思っています。

川口　いま、イスラエルによるガザ市民に対する無差別攻撃の惨劇は、ネットで調べればいろいろ出てきますが、日本の集団的自衛権の問題などとはリンクして考えられていません。何か別のもののように思われている。

現代の戦争は、市民を巻き添えにしてときに、ハマス*がどこにいるかわからないから無差別攻撃していくわけです。

半田　ええ、無差別でやるしかないですね。

川口　国家と反政府軍との戦い、国家とテロとの戦いが現代の戦争なわけですから、憎しみの連鎖がどんどん断ち切れなくなる。そういう現代の戦争の本質をもっとリアルに受け止めたうえで、戦争に加担していくべきなのかということを冷静に議論しなくてはいけない。

勇ましい議論をしている人たちは、集団的自衛権を行使すれば抑止力が高まるからいいではないかということを気楽に言いますが、こういう議論の仕

＊ハマス：イスラム主義を掲げるパレスチナの政党。1987年12月、アフマド・ヤーシーンによってムスリム同胞団のパレスチナ支部を母体として創設された。イスラエルに対してテロリズムを含めた武装闘争を主導する。

方をしている人たちのほうがよっぽど現代の戦争をリアルに見ていないと、思ってしまいます。

半田　安倍首相が盛んに「国民の命と暮らしを守る」と言うけれども、その言動は国民の命と暮らしを奪いかねない。なんで奪いかねないのかを説明するには勉強と時間が必要だけど、これを面倒くさがっていたら、自分たちに必ず跳ね返ってくる。億劫がらずにちゃんと勉強して周囲に知らせていこう、ということが重要だと思っています。安倍首相は、どこが嘘でどこが本当だとは言わないわけだから、自分たちでそれを見極めて、首相はこんな嘘をついているよと伝えないといけない。

28　わたしたちの民主主義の力が問われている

川口　現政権が、国民無視でやりたい放題という状況の中では、たとえばこの本を読んでいる読者のような方が、自分に何ができるのかって考えると、無力感みたいなものを感じてしまうかもしれませんね。

半田　現状でいちばん大きな対抗方法は選挙でしょう。

川口　『東京新聞』に書かれていましたけれど、190自治体以上の議会で「閣議決定反対決議*」をしたのは、市民が動いているんですね。

半田　そう、地方議会に請願するっていうのもありますし、地域のデモもある、地元出身の国会議員に直接意思表示をする方法もあります。地方選挙で自分の意思を表明するっていうのもあるし、考えればいろんなことはできます。

川口　このあいだ、名古屋で国民安保法制懇*の講演があったときに、弁護士の伊藤真さんが「いま、民主主義の力が問われている」とおっしゃっていた。

いま、政府が憲法の壁を乗り越えたっていうか、タブーに手を突っ込んできたわけです。いまこそ国民が民主主義の力をつけるという課題が問われています。

2015年、統一地方選挙がありますから、地元議会で自民党をも巻き込んで閣議決定に反対させていく運動を起こすことが非常に重要だと思います。地方議会の「閣議決定反対決議」には、自民党議員なども賛同しているケースもあります。

今後、知事選や市議会選挙などで、候補者に集団的自衛権行使についての

＊閣議決定反対決議：『東京新聞』（2014年6月29日付）の報道によると、安倍政権が目指す集団的自衛権行使容認の閣議決定に対し、地方議会で反対、慎重な対応を求める意見書を可決する動きが広がり、可決済みは190（6月28日時点）となった。自民党会派も賛同している。また、全国1788の自治体で政府方針を支持する意見書は一つも出ていない。

＊国民安保法制懇：安倍首相の私的諮問機関である「安全保障の法的基盤の再構築に関する懇談会」（安保法制懇）が、「限定的に集団的自衛権を行使することは許される」として、憲法解釈の変更を求める「提言」を安倍首相に提出し、安倍首相が集団的自衛権行使容認の方向性を明言したことに

立場を明らかにさせていく、容認する候補者には投票しないという意思を公表していく運動も必要でしょう。民意を無視してやりたい放題の政治を強行する安倍政権を支持するような議員には投票しないという意思表示をすることが非常に大事だと思います。

そして閣議決定の問題は、安全保障の問題だけではなく、憲法論でもあるし主権論でもあります。主権がアメリカにあるのか、日本政府にあるのか、また、主権が国民にあるのか、政府にあるのか……。日本の主権をアメリカから取り戻すとともに、国民主権を回復するという2つの主権を取り戻すという闘いだと思います。

半田　原発の再稼働をしようというのは、貿易の赤字が増えていくという経済官僚の懸念もあるのだろうけど、要は電力会社の利権保護を最優先している。何が大事なんだという視点の問題だと思うんです。国や企業が大事で、国民はそれに奉仕する存在なんだというふうに考えるか、国民こそがこの国の主人公で、企業や国というのはそれに対して奉仕していくべきだという考えなのか、その考え方の違いを明らかにしていくことが、おそらくこれからのあらゆる運動の分野で大きく問われていると思います。

対し、主権者である国民としてこの暴挙を黙認することはできないと、立憲主義の破壊に抗うべく、憲法、国際法、安全保障などの分野の専門家、実務家が結集し、2014年5月28日に「国民安保法制懇」を設立した。

メンバーは、愛敬浩二（名古屋大学教授）／青井未帆（学習院大学教授）／伊勢崎賢治（東京外国語大学教授）／伊藤真（法学館憲法研究所所長・弁護士）／大森政輔（元内閣法制局長官）／小林節（慶応大学名誉教授）／長谷部恭男（早稲田大学教授）／樋口陽一（東京大学名誉教授）／孫崎享（元外務省国際情報局長）／最上敏樹（早稲田大学教授）／柳澤協二（元内閣官房副長官補）の11名（2014年9月29日現在）

「国のため企業のためにあなたは死んでいいか」ということに尽きます。そこを理解してもらうことが本当に大事だと思います。北朝鮮や中国が侵略してきてあなたが殺される確率より、この国が妙な決断を下して、北朝鮮や中国を挑発して戦争を起こしたり、他国の人を殺すことになったり、放射性物質によって健康や生活を奪われる可能性のほうがよっぽど高いのです。感情論ではなく、事実に基づいて判断してほしいと思っています。

川口　まったく同感です。TPPの問題も社会保障の問題なども一緒ですが、結局、国家や企業の利益のために政治をするのか、国民の命や生活を大事にするのか、その立場の闘いです。命を否定することに何の痛みも感じないという人たちが政治を弄んでいます。その勢力との対立だなと思います。

半田　世論調査では集団的自衛権とか原発再稼働には、男性が賛成しているんです。やっぱり天下国家を論じるのが好きなのかな。政治家じゃないんだから、あなたが国を動かしているというように思うなと言いたいですね。国民として、政治の決定に対して厳しい目で見ることができる権利をもっているわけだから、家族のためにも、もっと批判的に見て、もの申していかないといけないんじゃないかと思いますよ。福島原発事故を間近に見て、悲惨な現実を実見しているはずなのに、なんでもう2度目は起きないと思うのかな。安全神話は崩れたと政府だって認めているのに、また強引に動かそうとする国の選択は間違っているって、なぜもっと主張しないのか、と思います。

川口　なんで再稼働の声がなし崩し的に出てくるのかというと、だれも責任をとっていないからだと思います。未だに、戦前の国家無答責*の神話が生きています。国家の意思でやったことは個人が責任をとらなくてもよい。福島原発事故でもまだ一人として責任をとっていないという無責任体制ができている。もし何か起きても、また「想定外だ」と言えば責任を逃れられるというふうにみんなが安易に思っている。

また、司法の責任というのは非常に大きいなと思います。法的な責任を司法の場で追及していくことを怠らずにやる必要があると強く思います。

閣議決定の問題について、まず、キチッと司法の場で「これは憲法違反である」と断罪することを国民の側から求めていくことが必要だろうと思います。

＊国家無答責：１９４７年の国家賠償法施行以前の大日本帝国憲法下では、国や公共団体の賠償責任を定めた法律がなかったことを理由に、戦時中の国家権力の不法行為から生じた個人の損害について、国は賠償責任を負わないとする考え方。

あとがき

安倍晋三政権は7月に閣議決定した集団的自衛権の行使を確実にするため、年内にも「日米防衛協力のための指針」(日米ガイドイン)を改定し、2015年の通常国会では自衛隊法など関連法を改定する。この流れは1997年の日米ガイドライン改定、99年の周辺事態法の制定のときとそっくりだ。

アメリカによる日本周辺の戦争を日本が支援することを日米間で決めてしまい、これに実効性を与えなければならないとの理由で周辺事態法を制定した。問題は日米ガイドラインが行政協定なので国会の批准を必要としていない点にある。当時、国会での十分な議論もなく、周辺事態法の制定を既成事実化する結果になった。

周辺事態法は憲法の枠内での対米支援とはいえ、たとえば、公海やその上空で自衛隊が米軍に対し、燃料補給することを認めている。艦艇や航空機は燃料がなければ、動けないのだから、米軍と戦っている相手国からみれば、自衛隊は米軍の武力行使と一体化していることになる。当然、自衛隊も日本本土も攻撃対象となりかねない。日本が戦争に巻き込まれるおそれがある法律が周辺事態法なのである。

今回の日米ガイドライン改定は、閣議決定した集団的自衛権の行使を日米間で約束する最初の協定となる。そして協定の示す方向に沿った法律の改定がおこなわれるのである。その中には周辺事態法も含まれる。対米支援の範囲を公海とその上空からテロ特措法やイラク特措法で含めたような「他国の領域」に広げるのは間違いなく、米軍の武力行使との一体化がさらに強く打ち出されることだろう。

本丸に控える自衛隊法の改定による劇的な自衛隊活動の変化は、周辺事態法改定の比ではない。アメリカは9月、過激派組織「イスラム国」に対するイラクとシリアでの空爆を実施した。シリア攻撃の根拠について、アメリカは「イラク政府からの要請」とし、個別的、集団的自衛権行使を認めた国連憲章第51条に基づく行動、と国連安全保障理事会に報告している。

イラク政府は、自国に侵入した「イスラム国」への攻撃を米国に求め、アメリカによるイラク空爆が続いている。しかし、イラクの要請によるシリア攻撃に合法性はない。これが認められるなら、A国の要請によってアメリカはB国を攻撃できることになる。A国を韓国、B国を北朝鮮に置き換えれば、どれほどおかしな事態か分かるだろう。国際社会にも批判があり、イラク空爆に参加していたフランスは、9月29日現在、シリア空爆には加わっていない。

日本は人道支援面で資金協力することを約束したが、自衛隊法が改定され、集団的自衛権の行使が可能となった時点で、アメリカから軍事的貢献を求められた場合はどうなるのか。安倍首相は「日米同盟は死活的に重要だ」(7月14日衆院予算委)と明言している。そのアメリカから要請があり、アフガニスタン戦争、イラク戦争に「憲法の枠内」で自衛隊を派遣した日本は、自衛隊法の改定後、武力行使を伴う活動に自衛隊を差し出すことになるのではないだろうか。

閣議決定は自衛隊による後方支援も拡大した。これまで認めてこなかった戦闘地域での後方支援を可能にしたのである。戦闘正面に立たないとしても、攻撃に向かうアメリカ軍への補給や負傷したアメリカ兵の救護など、危険でアメリカ軍の活動と一体化した分野に踏み込むのではないだろうか。

憲法解釈の変更による集団的自衛権の行使解禁は、法治国家として問題があるだけではない。国際法上、疑義のあるアメリカの戦争に加担することにより、憲法で規定した平和主義をあやうくし、憲法9条でさだめた「国際紛争を解決する手段としての武力行使の放棄」にも違反する。アメリカがかかわる国際問題を米国とともに力づくで解決しようとするならば、中国、韓国、ロシアとの間にある領土問題なども武力で解決を試みるようになりはしないか。安倍首相の暴走を見過ごしてはならない理由は、日本が「平和国家」にあるまじき方向に踏み込むおそれがあるからである。

自衛隊の任務が「他国の防衛」へと広がれば、「自国の防衛」のための自衛隊の組織、予算が現状のままで納まるはずがない。すでに安倍政権下で改定された「防衛計画の大綱」「中期防衛力整備計画」にもとづき、自衛隊は日本版海兵隊である「水陸機動団」の保有や護衛艦、潜水艦の増強を決めている。ただでさえ、3年連続して防衛費が増えている。さらに「他国の防衛」まで上乗せすれば、現状の自衛隊23万人、防衛費4兆8000億円をはるかに上回る自衛隊になるのは確実だろう。

経済成長が低迷する中で肥大化する自衛隊、膨張する防衛費は、社会補償費の削減や消費税のさらなる増税を招くだけではない。日本の軍事力強化が周辺諸国の警戒感を招き、日本を起点としていたアジアの軍拡ドミノを招くことになる。他国の軍事力強化がさらなる日本の軍事力強化を呼び込み、終わりなき軍拡競争に陥りかねない。

自衛隊の幹部に集団的自衛権の行使について、感想を聞いた。

「米艦艇の防護や米国を狙った弾道ミサイルの迎撃など、なぜ戦争の一場面ばかりを切り取って議論するのか」「実際に発動されてみないとなんともいえない」とリアリティを欠いた与党協議に疑問を投げる。無理もない。これまで自衛隊の海外活動と憲法の整合性が問われたのは、カンボジアでの国連平和維持活動（ＰＫＯ）の参加、アフガニスタン戦争やイラク戦争への自衛隊派遣など、派遣ニーズがある場合に限定された。

今回のように、安倍首相の政治信念が先行して、憲法解釈を変えてまで自衛隊の活動を拡大するような例は、過去、一度もなかった。憲法による制約が不自由だから憲法を変えよう、それでは面倒だから、憲法解釈を変えようというのが安倍首相の考えといえる。

安倍首相の「最低必要限の集団的自衛権行使だから合憲」との主張は、自衛隊の現場でおよそ説得力を持ち得ない。カンボジアＰＫＯの第一次派遣隊長で東北方面総監（陸将）を最後に退官した渡辺隆さんは都内であったシンポジウムで「（安倍首相のいう）必要最小限とはどういうことか、私には分からない。戦争をする、戦闘をする場面で、必要最小限っていうことを考えながら戦う兵士は一人もいないだろうと思います」と話した。

とんちんかんなシビリアンコントロール（文民統制）のもと、戦場へ派遣される自衛隊はたまったものではない。安倍首相は背広を着た関東軍ではないのだろうか。

巻末資料

①政府作成想定問答集〔2014年6月27日発表〕

②集団的自衛権閣議決定全文

③国家安全保障基本法案（概要）

■巻末資料① 政府作成想定問答集［２０１４年６月27日発表］

政府が集団的自衛権の行使を認める閣議決定案に関連してまとめた想定問答の全文は次の通り。

問1 憲法解釈を変更したのか

・我が国を取り巻く安全保障環境の大きな変化を踏まえ、昭和47年の政府見解の基本的な論理の枠内で導いた論理的な帰結。
・解釈の再整理という意味で一部変更ではあるが、憲法解釈としての論理的整合性、法的安定性を維持（「解釈改憲」ではない）。

問2 憲法改正によるべきであり、なぜ閣議決定で解釈変更をするのか

・憲法改正の是非は国民的な議論の深まりの中で判断されるべきもの。
・他方、我が国を取り巻く安全保障環境は大きく変化。国民の命と平和な暮らしを守り抜くための法整備が急務。
・昭和47年の政府見解の基本的な論理の枠内で論理的な帰結を導ける以上、必ずしも憲法改正を行う必要はない。
・論理的な帰結の範囲にとどまるものであり、憲法の範囲内で必要な法整備をすることは政府の責務。

問3 どのような場合に集団的自衛権を行使できるのか

・「新3要件」を満たす場合に限り、国際法上は集団的自衛権が根拠となる「武力の行使」も憲法上許容される。「新3要件」に該当するか否かは政府が全ての情報を総合して客観的、合理的に判断する。
・その上で、実際上、「武力の行使」の要否は、高度に政治的な決断。時の内閣が、国民の命と平和な暮らしを守り抜くために何が最善か、あらゆる選択肢を比較しつつ、現実に発生した事態の個別具体的な状況に即して、総合的に判断。

問4 要件が曖昧《あいまい》。武力行使に「歯止め」がないのではないか。戦争に巻き込まれるのではないか

・「新3要件」を厳守する以上、憲法上「歯止め」がないということではない。その要件に該当するか否かは政府が全ての情報を総合して客観的、合理的に判断する。

・その上で、集団的自衛権の行使は「権利」であり「義務」ではない。備えであり、実際に行使するか否かは政策の選択肢。時の内閣が、あらゆる選択肢を比較しつつ、国民の命と平和な暮らしを守り抜く観点から主体的に判断。

・事態の個別具体的な状況に即して、主に、攻撃国の意思・能力、事態の発生場所、その規模・態様・推移などの要素を考慮し、総合的に判断。

・実際の行使には国内法が必要。個別的自衛権と同様、国会承認も求める。民主主義国家の我が国では慎重にも慎重を期して判断される。

問5　昭和47年の政府見解の枠内で、なぜ結論が変わるのか

・「自国の平和と安全を維持し、その存立を全うするために必要な自衛の措置」について、これまでは、「国民の生命、自由及び幸福追求の権利が根底から覆される急迫不正の事態に対処」するものであるとして、「武力の行使」は我が国に対する武力攻撃が発生した場合に限定。

・しかし、パワーバランスの変化や急速な技術革新により、脅威がどの地域で発生しても、我が国の安全保障に直接的な影響を及ぼすことがあり得る。

・この変化を踏まえれば、他国に対して発生する武力攻撃でも、その目的・規模・態様等によっては、我が国の存立を脅かすことも現実に起こり得る。

・この現状を踏まえ、我が国に対する武力攻撃が発生していなくとも、「我が国と密接な関係に

ある他国に対する武力攻撃が発生し、これにより我が国の存立が脅かされ、国民の生命、自由及び幸福追求の権利が根底から覆される明白な危険がある場合」であれば、従来の政府見解と同様、自衛の措置として「武力の行使」が憲法上許容されると判断。

問6　国民の生命、自由及び幸福追求の権利が「根底から覆されるという急迫、不正の事態」を含め、昭和47年の政府見解の基本的な論理を維持し、この「基本的な論理に基づく自衛のための措置」というのであれば、他国に対する武力攻撃が発生した場合にこれらの権利が「根底から覆される明白な危険」も、昭和47年の政府見解にいう「急迫、不正の事態」に含まれるということか

・「新3要件」の第1要件に当たる事態は、昭和47年の政府見解にいう「外国の武力攻撃によって国民の生命、自由及び幸福追求の権利が根底からくつがえされるという急迫、不正の事態」ということである。

・昭和47年の政府見解にいう「急迫、不正の事態」に該当するものとして、従来は「我が国に対する武力攻撃が発生した場合」に限ると考えていたが、現在の安全保障環境においては、我が国に対する武力攻撃が発生していなくとも、我が国と密接な関係にある他国に対する武力攻撃が発生した場合であっても、この「急迫、不正の事態」に該当するものがあると判断するに至った。

問7　「国民の生命、自由及び幸福追求の権利が根底から覆される明白な危険」は、「我が国の存立が脅かされ、」といかなる関係にあるのか

・国家と国民は表裏一体のものであり、我が国の存立が脅かされるということの実質を、国民に着目して記述したもの（加重要件ではない）

問8　「新3要件」は、いわゆる自衛権発動の「新3要件」なのか、「武力の行使」の「新3要件」なのか

・従来のいわゆる自衛権発動の3要件を改めたもの。憲法第9条の下で許容される自衛の措置としての「武力の行使」の「新3要件」である。

問9　今次閣議決定により憲法上許容される集団的自衛権の行使は、あくまでも我が国を防衛し、国民を守るためのやむを得ない自衛の措置であり、他国を防衛するためのものではないという理解でよいか

・「新3要件」の第2要件にあるとおり、憲法第9条の下で許容される「武力の行使」は、我が

国の存立を全うし、国民を守るためのもの。
・我が国の存立と国民を守ることと関係なく、他国を防衛することそれ自体を目的とするものではないが、他国を防衛することがすなわち、我が国を防衛することになるということは想定される。

問10　「武力の行使」関連の8つの事例で集団的自衛権を行使できるのか

・いずれの事例も、「新3要件」を満たす場合には、集団的自衛権の行使としての「武力の行使」が憲法上許容される事例。
・8事例のような活動が新たに可能となるが、実際には、個別具体的な状況に即して総合的に判断。

問11　シーレーンでの機雷掃海や民間船舶の護衛は憲法上できるのか

・我が国の存立を全うし、国民を守るために、「武力の行使」に当たるものであっても、シーレーンにおける機雷掃海や民間船舶の護衛が必要不可欠な場合があり得る。これらは（湾岸戦争やイラク戦争での戦闘と異なり）航行安全を確保する限定的で受動的な活動。「新3要件」を満たす場合には憲法上許容される。
・実際には、個別具体的な状況に即して、総合的に判断。

・「新3要件」を満たす場合、邦人が乗船する船舶以外でも、共同の退避計画の下で外国人が乗船する船舶や外国のチャーター船等の護衛も可能。

問12　地理的制限はないのか。他国の領域に行くのか

・「新3要件」に照らせば、我が国がとり得る措置には自《おの》ずから限界がある。
・武力行使の目的をもって武装した部隊を他国の領域へ派遣するいわゆる「海外派兵」は一般に許されないとする従来の見解は変わらない。

問13　他国の領海内では機雷掃海はやらないということか

・他国の領海内における「武力の行使」に当たる機雷掃海であっても、「新3要件」を満たす場合には、憲法上許されないわけではない。
・実際には、個別具体的な状況に即して総合的に判断。

問14　「我が国と密接な関係にある他国」とはどこか

・同盟国である米国はこれに当たる蓋然《がいぜん》性が高い。
・米国以外は、「新3要件」に照らし、一般には相当限定されるが、個別具体的な状況に即して総合的に判断。

・具体的な手続等は、法整備の過程で更に検討。

問15　いわゆる集団安全保障では「武力の行使」はできないということか

・かつての湾岸戦争やイラク戦争での戦闘に参加するようなことはない。

・武力攻撃が発生した直後に、あるいは我が国が「新3要件」を満たす活動を実施中に、国連安保理が武力行使を容認する決議を採択しても、「新3要件」を満たすならば、憲法上「武力の行使」は許容される。国連安保理決議が採択されたからといって、「新3要件」を満たす活動を途中でやめなければならないわけではない。

・この場合、国際法上、国連安保理決議が根拠となるが、「新3要件」を満たす「武力の行使」は、憲法上、我が国による自衛の措置として許容される。我が国が実施できる活動が、集団的自衛権が根拠となる場合より広がることはない。

・我が国有事の際に国連安保理決議が採択された場合についても、従来から、これと同様の考え方。

問16　「専守防衛」の変更になるのではないか

・武力攻撃が発生しなければ武力行使をしないことに変わりはなく、あくまで受動的なもの。「専守防衛」（憲法の精神にのっとった受動的な防衛戦略の姿勢）は不変。

問17　日米安保条約は改正するのか

・改正は考えていない。集団的自衛権の行使は義務ではなく、改正の必要もない。

問18　後方支援で「現に戦闘行為を行っている現場」をどう判断するのか

・「国際的な武力紛争の一環として行われる人を殺傷し又は物を破壊する行為が現に行われている現場」。

・隊員が支援活動を実施する地点で、人を殺傷し又は物を破壊する行為が現に行われていれば、客観的に明らか。現場の部隊で判断し、直ちに休止・中断。隊員の安全確保からも当然の対応。

問19　「現に戦闘行為を行っている現場」で支援活動を実施しないのは「一体化」するおそれがあるためか

・「現に戦闘行為を行っている現場」での支援活動は、「武力の行使と一体化」するおそれが排除されないとしてきたことは事実であるが、今般、そのような現場での支援活動は必要性が低いことから、基本的に「現に戦闘行為を行っている現場」では支援活動は実施しないという政策上の判断をしたもの。

問20　なぜ駆け付け警護や任務遂行のための武器使用が可能になるのか

・PKO参加5原則の下でのPKO活動や、領域国の同意に基づく邦人救出等に伴う武器使用は、基本的には「武力の行使」に当たらない「武器の使用」。警察比例に類似した厳格な比例原則が働く。

・その上で、国家安全保障会議で、情勢分析・審議等を行い、「国家に準ずる組織」が敵対するものとして登場しないことを事前に判断する仕組みを設定し、自衛隊の活動が「武力の行使」に当たらないことを担保。

問21　臨時国会に法案を提出するのか。グレーゾーン先行なのか

・今後の国内法制の在り方については、今次閣議決定で示された事項全般の検討と並行して、十分に検討。

・準備ができ次第国会に提出したいが、その段取りについて具体的に述べる段階でない。

・準備ができた段階で、与党にも御議論頂き、進め方も十分相談したい。

■巻末資料② 集団的自衛権閣議決定全文

国の存立を全うし、国民を守るための切れ目のない安全保障法制の整備について

平成26年7月1日
国家安全保障会議決定
閣議決定

我が国は、戦後一貫して日本国憲法の下で平和国家として歩んできた。専守防衛に徹し、他国に脅威を与えるような軍事大国とはならず、非核三原則を守るとの基本方針を堅持しつつ、国民の営々とした努力により経済大国として栄え、安定して豊かな国民生活を築いてきた。また、我が国は、平和国家としての立場から、国際連合憲章を遵守しながら、国際社会や国際連合を始めとする国際機関と連携し、それらの活動に積極的に寄与している。こうした我が国の平和国家としての歩みは、国際社会において高い評価と

尊敬を勝ち得てきており、これをより確固たるものにしなければならない。

一方、日本国憲法の施行から67年となる今日までの間に、我が国を取り巻く安全保障環境は根本的に変容するとともに、更に変化し続け、我が国は複雑かつ重大な国家安全保障上の課題に直面している。国際連合憲章が理想として掲げたいわゆる正規の「国連軍」は実現のめどが立っていないことに加え、冷戦終結後の四半世紀だけをとっても、グローバルなパワーバランスの変化、技術革新の急速な進展、大量破壊兵器や弾道ミサイルの開発及び拡散、国際テロなどの脅威により、アジア太平洋地域において問題や緊張が生み出されるとともに、脅威が世界のどの地域において発生しても、我が国の安全保障に直接的な影響を及ぼし得る状況になっている。さらに、近年では、海洋、宇宙空間、サイバー空間に対する自由なアクセス及びその活用を妨げるリスクが拡散し深刻化している。もはや、どの国も一国のみで平和を守ることはできず、国際社会もまた、我が国がその国力にふさわしい形で一層積極的な役割を果たすことを期待している。

政府の最も重要な責務は、我が国の平和と安全を維持し、その存立を全うするとともに、国民の命を守ることである。我が国を取り巻く安全保障環境の変化に対応し、政府としての責務を果たすためには、まず、十分な体制をもって力強い外交を推進することにより、安定しかつ見通しがつきやすい国際環境を創出し、脅威の出現を未然に防ぐとともに、国際法にのっとって行動し、法の支配を重視することにより、紛争の平和的な解決を図らなければならない。

さらに、我が国自身の防衛力を適切に整備、維持、運用し、同盟国であるアメリカとの相互協力を強化するとともに、域内外のパートナーとの信頼及び協力関係を深めることが重要である。とくに、我が国の安全及びアジア太平洋地域の平和と安定のために、日米安全保障体制の実効性を一層高め、日米同盟の抑止力を向上させることにより、武力紛争を未然に回避し、我が国に脅威が及ぶことを防止することが必要不可欠である。その上で、いかなる事態においても国民の命と平和な暮らしを断固として守り抜くとともに、国際協調主義に基づく「積極的平和主義」の下、国際社会の平和と安定にこれまで以上に積極的に貢献するためには、切れ目のない対応を可能とする国内法制を整備しなければならない。

5月15日に「安全保障の法的基盤の再構築に関する懇談会」から報告書が提出され、同日に安倍内閣総理大臣が記者会見で表明した基本的方向性に基づき、これまで与党において協議を重ね、政府としても検討を進めてきた。今般、与党協議の結果に基づき、政府として、以下の基本方針に従って、国民の命と平和な暮らしを守り抜くために必要な国内法制を速やかに整備することとする。

1　武力攻撃に至らない侵害への対処

(1)我が国を取り巻く安全保障環境が厳しさを増していることを考慮すれば、純然たる平時でも有事でもない事態が生じやすく、これにより更に重大な事態に至りかねないリスクを有している。こうした武力攻撃に至らない侵害に際し、警察機関と自衛隊を含む関係機関が基本的な役割分担を前提として、より緊密に協力し、いかなる不法行為に対しても切れ目のない十分な対応を確保するための態勢を整備することが一層重要な課題となっている。

（2）具体的には、こうした様々な不法行為に対処するため、警察や海上保安庁などの関係機関が、それぞれの任務と権限に応じて緊密に協力して対応するとの基本方針の下、各々の対応能力を向上させ、情報共有を含む連携を強化し、具体的な対応要領の検討や整備を行い、命令発出手続を迅速化するとともに、各種の演習や訓練を充実させるなど、各般の分野における必要な取組を一層強化することとする。

（3）このうち、手続の迅速化については、離島の周辺地域等において外部から武力攻撃に至らない侵害が発生し、近傍に警察力が存在しない場合や警察機関が直ちに対応できない場合（武装集団の所持する武器等のために対応できない場合を含む。）の対応において、治安出動や海上における警備行動を発令するための関連規定の適用関係についてあらかじめ十分に検討し、関係機関において共通の認識を確立しておくとともに、手続を経ている間に、不法行為による被害が拡大することがないよう、状況に応じた早期の下令や手続の迅速化のための方策について具体的に検討することとする。

（4）さらに、我が国の防衛に資する活動に現に従事する米軍部隊に対して攻撃が発生し、それが状況によっては武力攻撃にまで拡大していくような事態においても、自衛隊と米軍が緊密に連携して切れ目のない対応をすることが、我が国の安全の確保にとっても重要である。自衛隊と米軍部隊が連携して行う平素からの各種活動に際して、米軍部隊に対して武力攻撃に至らない侵害が発生した場合を想定し、自衛隊法第95条による武器等防護のための「武器の使用」の考え方を参考にしつつ、自衛隊と連携して我が国の防衛に資する活動（共同訓練を含む。）に現に従事している米軍部隊の武器等であれば、アメリカの要請又は同意があることを前提に、当該武器等を防護するための自衛隊法第95条によるものと同様の極めて受動的かつ限定的な必要最小限の「武器の使用」を自衛隊が行うことができるよう、法整備をすることとする。

2 国際社会の平和と安定への一層の貢献

(1) いわゆる後方支援と「武力の行使との一体化」

ア いわゆる後方支援と言われる支援活動それ自体は、「武力の行使」に当たらない活動である。例えば、国際の平和及び安全が脅かされ、国際社会が国際連合安全保障理事会決議に基づいて一致団結して対応するようなときに、我が国が当該決議に基づき正当な「武力の行使」を行う他国軍隊に対してこうした支援活動を行うことが必要な場合がある。一方、憲法第9条との関係で、我が国による支援活動については、他国の「武力の行使と一体化」することにより、我が国自身が憲法の下で認められない「武力の行使」を行ったとの法的評価を受けることがないよう、これまでの法律においては、活動の地域を「後方地域」や、いわゆる「非戦闘地域」に限定するなどの法律上の枠組みを設定し、「武力の行使との一体化」の問題が生じないようにしてきた。

イ こうした法律上の枠組みの下でも、自衛隊は、各種の支援活動を着実に積み重ね、我が国に対する期待と信頼は高まっている。安全保障環境が更に大きく変化する中で、国際協調主義に基づく「積極的平和主義」の立場から、国際社会の平和と安定のために、自衛隊が幅広い支援活動で十分に役割を果たすことができるようにすることが必要である。また、このような活動をこれまで以上に支障なくできるようにすることは、我が国の平和及び安全の確保の観点からも極めて重要である。

ウ　政府としては、いわゆる「武力の行使との一体化」論それ自体は前提とした上で、その議論の積み重ねを踏まえつつ、これまでの自衛隊の活動の実経験、国際連合の集団安全保障措置の実態等を勘案して、従来の「後方地域」あるいはいわゆる「非戦闘地域」といった自衛隊が活動する範囲をおよそ一体化の問題が生じない地域に一律に区切る枠組みではなく、他国が「現に戦闘行為を行っている現場」ではない場所で実施する補給、輸送などの我が国の支援活動については、当該他国の「武力の行使と一体化」するものではないという認識を基本とした以下の考え方に立って、我が国の安全の確保や国際社会の平和と安定のために活動する他国軍隊に対して、必要な支援活動を実施できるようにするための法整備を進めることとする。

（ア）我が国の支援対象となる他国軍隊が「現に戦闘行為を行っている現場」では、支援活動は実施しない。

（イ）仮に、状況変化により、我が国が支援活動を実施している場所が「現に戦闘行為を行っている現場」となる場合には、直ちにそこで実施している支援活動を休止又は中断する。

（2）国際的な平和協力活動に伴う武器使用

ア　我が国は、これまで必要な法整備を行い、過去20年以上にわたり、国際的な平和協力活動を実施してきた。その中で、いわゆる「駆け付け警護」に伴う武器使用や「任務遂行のための武器使用」については、これを「国家又は国家に準ずる組織」に対して行った場合には、憲法第9条が禁ずる「武力の行使」に該当するおそれがあることから、国際的な平和協力活動に従事する自衛官の武器使用権限はいわゆる自己保存型と武器等防護に限定してきた。

イ　我が国としては、国際協調主義に基づく「積極的平和主義」の立場から、国際社会の平和と安定のために一層取り組んでいく必要があり、そのために、国際連合平和維持活動（ＰＫＯ）などの国際的な平和協力活動に十分かつ積極的に参加できることが重要である。また、自国領域内に所在する外国人の保護は、国際法上、当該領域国の義務であるが、多くの日本人が海外で活躍し、テロなどの緊急事態に巻き込まれる可能性がある中で、当該領域国の受入れ同意がある場合には、武器使用を伴う在外邦人の救出についても対応できるようにする必要がある。

ウ　以上を踏まえ、我が国として、「国家又は国家に準ずる組織」が敵対するものとして登場しないことを確保した上で、国際連合平和維持活動などの「武力の行使」を伴わない国際的な平和協力活動におけるいわゆる「駆け付け警護」に伴う武器使用及び「任務遂行のための武器使用」のほか、領域国の同意に基づく邦人救出などの「武力の行使」を伴わない警察的な活動ができるよう、以下の考え方を基本として、法整備を進めることとする。

（ア）国際連合平和維持活動等については、ＰＫＯ参加5原則の枠組みの下で、「当該活動が行われる地域の属する国の同意」及び「紛争当事者の当該活動が行われることについての同意」が必要とされており、受入れ同意をしている紛争当事者以外の「国家に準ずる組織」が敵対するものとして登場することは基本的にないと考えられる。このことは、過去20年以上にわたる我が国の国際連合平和維持活動等の経験からも裏付けられる。近年の国際連合平和維持活動において重要な任務と位置付けられている住民保護などの治安の維持を任務とする場合を含め、任務の遂行に際して、自己保存及び武器等防護を超える武器使用が見込まれる場合には、とくに、その活動の性格上、紛争当事者の受入れ同意が安定的に維持されていることが必要である。

(イ) 自衛隊の部隊が、領域国政府の同意に基づき、当該領域国における邦人救出などの「武力の行使」を伴わない警察的な活動を行う場合には、領域国政府の同意が及ぶ範囲、すなわち、その領域において権力が維持されている範囲で活動することは当然であり、これは、その範囲においては「国家に準ずる組織」は存在していないということを意味する。

(ウ) 受入れ同意が安定的に維持されているかや領域国政府の同意が及ぶ範囲等については、国家安全保障会議における審議等に基づき、内閣として判断する。

(エ) なお、これらの活動における武器使用については、警察比例の原則に類似した厳格な比例原則が働くという内在的制約がある。

3　憲法第９条の下で許容される自衛の措置

（1）我が国を取り巻く安全保障環境の変化に対応し、いかなる事態においても国民の命と平和な暮らしを守り抜くためには、これまでの憲法解釈のままでは必ずしも十分な対応ができないおそれがあることから、いかなる解釈が適切か検討してきた。その際、政府の憲法解釈には論理的整合性と法的安定性が求められる。したがって、従来の政府見解における憲法第９条の解釈の基本的な論理の枠内で、国民の命と平和な暮らしを守り抜くための論理的な帰結を導く必要がある。

（2）憲法第９条はその文言からすると、国際関係における「武力の行使」を一切禁じているように見えるが、憲法前文で確認している「国民の平和的生存権」や憲法第13条が「生命、自由及び幸福追求に対する国民の権利」は国政の上で最大の尊重を必要とする旨定めている趣旨を踏まえて考えると、憲法第９条が、我が国が自国の平和と安全を維持し、その存立を全うするために必要な自衛の措置を採ることを禁じているとは到底解されない。一方、この自衛の措置は、あくまで外国の武力攻撃によって国民の生命、自由及び幸福追求の権利が根底から覆されるという急迫、不正の事態に対処し、国民のこれらの権利を守るためのやむを得ない措置として初めて容認されるものであり、そのための必要最小限度の「武力の行使」は許容される。これが、憲法第９条の下で例外的に許容される「武力の行使」について、従来から政府が一貫して表明してきた見解の根幹、いわば基本的な論理であり、昭和47年10月14日に参議院決算委員会に対し政府から提出された資料「集団的自衛権と憲法との関係」に明確に示されているところである。

この基本的な論理は、憲法第９条の下では今後とも維持されなければならない。

（3）これまで政府は、この基本的な論理の下、「武力の行使」が許容されるのは、我が国に対する武力攻撃が発生した場合に限られると考えてきた。しかし、冒頭で述べたように、パワーバランスの変化や技術革新の急速な進展、大量破壊兵器などの脅威等により我が国を取り巻く安全保障環境が根本的に変容し、変化し続けている状況を踏まえれば、今後他国に対して発生する武力攻撃であったとしても、その目的、規模、態様等によっては、我が国の存立を脅かすことも現実に起こり得る。

我が国としては、紛争が生じた場合にはこれを平和的に解決するために最大限の外交努力を尽くすとともに、これまでの憲法解釈に基づいて整備されてきた既存の国内法令による対応や当該憲法解釈の枠内で可能な法整備などあらゆる必要な対応を採ることは当然であるが、それでもなお我が国の存立を全うし、国民を守るために万全を期す必要がある。

こうした問題意識の下に、現在の安全保障環境に照らして慎重に検討した結果、我が国に対する武力攻撃が発生した場合のみならず、我が国と密接な関係にある他国に対する武力攻撃が発生し、これにより我が国の存立が脅かされ、国民の生命、自由及び幸福追求の権利が根底から覆される明白な危険がある場合において、これを排除し、我が国の存立を全うし、国民を守るために他に適当な手段がないときに、必要最小限度の実力を行使することは、従来の政府見解の基本的な論理に基づく自衛のための措置として、憲法上許容されると考えるべきであると判断するに至った。

（4）我が国による「武力の行使」が国際法を遵守して行われることは当然であるが、国際法上の根拠と憲法解釈は区別して理解する必要がある。憲法上許容される上記の「武力の行使」は、国際法上は、集団的自衛権が根拠となる場合がある。この「武力の行使」には、他国に対する武力攻撃が発生した場合を契機とするものが含まれるが、憲法上は、あくまでも我が国の存立を全うし、国民を守るため、すなわち、我が国を防衛するためのやむを得ない自衛の措置として初めて許容されるものである。

（5）また、憲法上「武力の行使」が許容されるとしても、それが国民の命と平和な暮らしを守るためのものである以上、民主的統制の確保が求められることは当然である。政府としては、我が国ではなく他国に対して武力攻撃が発生した場合に、憲法上許容される「武力の行使」を行うために自衛隊に出動を命ずるに際しては、現行法令に規定する防衛出動に関する手続と同様、原則として事前に国会の承認を求めることを法案に明記することとする。

4　今後の国内法整備の進め方

これらの活動を自衛隊が実施するに当たっては、国家安全保障会議における審議等に基づき、内閣として決定を行うこととする。こうした手続を含めて、実際に自衛隊が活動を実施できるようにするためには、根拠となる国内法が必要となる。政府として、以上述べた基本方針の下、国民の命と平和な暮らしを守り抜くために、あらゆる事態に切れ目のない対応を可能とする法案の作成作業を開始することとし、十分な検討を行い、準備ができ次第、国会に提出し、国会における御審議を頂くこととする。

（以　上）

■巻末資料③　国家安全保障基本法案（概要）

国家安全保障基本法案（概要）

平成24年7月4日

第1条（本法の目的）

本法は、我が国の安全保障に関し、その政策の基本となる事項を定め、国及び地方公共団体の責務と施策とを明らかにすることにより、安全保障政策を総合的に推進し、もって我が国の独立と平和を守り、国の安全を保ち、国際社会の平和と安定を図ることをその目的とする。

第2条（安全保障の目的、基本方針）

安全保障の目的は、外部からの軍事的または非軍事的手段による直接または間接の侵害その他のあらゆる脅威に対し、防衛、外交、経済その他の諸施策を総合して、これを未然に防止しまたは排除することにより、自由と民主主義を基調とする我が国の独立と平和を守り、国益を確保することにある。
2 前項の目的を達成するため、次に掲げる事項を基本方針とする。
一 国際協調を図り、国際連合憲章の目的の達成のため、我が国として積極的に寄与すること。
二 政府は、内政を安定させ、安全保障基盤の確立に努めること。
三 政府は、実効性の高い統合的な防衛力を効率的に整備するとともに、統合運用を基本とする柔軟かつ即応性の高い運用に努めること。
四 国際連合憲章に定められた自衛権の行使については、必要最小限度とすること。

第3条（国及び地方公共団体の責務）
国は、第2条に定める基本方針に則り、安全保障に関する施策を総合的に策定し実施する責務を負う。
2 国は、教育、科学技術、建設、運輸、通信その他内政の各分野において、安全保障上必要な配慮を払わなければならない。
3 国は、我が国の平和と安全を確保する上で必要な秘密が適切に保護されるよう、法律上・制度上必要な措置を講ずる。
4 地方公共団体は、国及び他の地方公共団体その他の機関と相互に協力し、安全保障に関する施策に関し、必要な措置を実施する責務を負う。
5 国及び地方公共団体は、本法の目的の達成のため、政治・経済及び社会の発展を図るべく、必要な内政の諸施策を講じなければならない。
6 国及び地方公共団体は、広報活動を通じ、安全保障に関する国民の理解を深めるため、適切な施策を講じる。

第4条（国民の責務）
国民は、国の安全保障施策に協力し、我が国の安全保障の確保に寄与し、もって平和で安定した国際社会の実現に努めるものとする。

第5条（法制上の措置等）
政府は、本法に定める施策を総合的に実施するために必要な法制上及び財政上の措置を講じなければならない。

第6条（安全保障基本計画）
政府は、安全保障に関する施策の総合的かつ計画的な推進を図るため、国の安全保障に関する基本的な計画（以下「安全保障基本計画」という。）を定めなければならない。

2　安全保障基本計画は、次に掲げる事項について定めるものとする。
一　我が国の安全保障に関する総合的かつ長期的な施策の大綱
二　前号に掲げるもののほか、安全保障に関する施策を総合的かつ計画的に推進するために必要な事項
3　内閣総理大臣は、前項の規定による閣議の決定があったときは、遅滞なく、安全保障基本計画を公表しなければならない。
4　前項の規定は、安全保障基本計画の変更について準用する。

別途、安全保障会議設置法改正によって、
・安全保障会議が安全保障基本計画の案を作成し、閣議決定を求めるべきこと
・安全保障会議が、防衛、外交、経済その他の諸施策を総合するため、各省の施策を調整する役割を担うこと
を規定。

第7条（国会に対する報告）
政府は、毎年国会に対し、我が国をとりまく安全保障環境の現状及び我が国が安全保障に関して講

じた施策の概況、ならびに今後の防衛計画に関する報告を提出しなければならない。

第8条（自衛隊）

外部からの軍事的手段による直接または間接の侵害その他の脅威に対し我が国を防衛するため、陸上・海上・航空自衛隊を保有する。

2 自衛隊は、国際の法規及び確立された国際慣例に則り、厳格な文民統制の下に行動する。

3 自衛隊は、第一項に規定するもののほか、必要に応じ公共の秩序の維持に当たるとともに、同項の任務の遂行に支障を生じない限度において、別に法律で定めるところにより自衛隊が実施することとされる任務を行う。

4 自衛隊に対する文民統制を確保するため、次の事項を定める。

一 自衛隊の最高指揮官たる内閣総理大臣、及び防衛大臣は国民から選ばれた文民とすること。

二 その他自衛隊の行動等に対する国会の関与につき別に法律で定めること。

第9条（国際の平和と安定の確保）

政府は、国際社会の政治的・社会的安定及び経済的発展を図り、もって平和で安定した国際環境を確保するため、以下の施策を推進する。

一 国際協調を図り、国際の平和及び安全の維持に係る国際社会の取組に我が国として主体的かつ積極的に寄与すること。
二　締結した条約を誠実に遵守し、関連する国内法を整備し、地域及び世界の平和と安定のための信頼醸成に努めること。
三　開発途上国の安定と発展を図るため、開発援助を推進すること。なおこの実施に当たっては、援助対象国の軍事支出、兵器拡散等の動向に十分配慮すること。
四　国際社会の安定を保ちつつ、世界全体の核兵器を含む軍備の縮小に向け努力し、適切な軍備管理のため積極的に活動すること。
五　我が国と諸国との安全保障対話、防衛協力・防衛交流等を積極的に推進すること。

第10条（国際連合憲章に定められた自衛権の行使）
第2条第2項第4号の基本方針に基づき、我が国が自衛権を行使する場合には、以下の事項を遵守しなければならない。
一　我が国、あるいは我が国と密接な関係にある他国に対する、外部からの武力攻撃が発生した事態であること。
二　自衛権行使に当たって採った措置を、直ちに国際連合安全保障理事会に報告すること。
三　この措置は、国際連合安全保障理事会が国際の平和及び安全の維持に必要な措置が講じられたときに終了すること。

四　一号に定める「我が国と密接な関係にある他国」に対する武力攻撃については、その国に対する攻撃が我が国に対する攻撃とみなしうるに足る関係性があること。
五　一号に定める「我が国と密接な関係にある他国」に対する武力攻撃については、当該被害国から我が国の支援についての要請があること。
六　自衛権行使は、我が国の安全を守るため必要やむを得ない限度とし、かつ当該武力攻撃との均衡を失しないこと。
2　前項の権利の行使は、国会の適切な関与等、厳格な文民統制のもとに行われなければならない。

> 別途、武力攻撃事態法と対になるような「集団自衛事態法」（仮称）、及び自衛隊法における「集団自衛出動」（仮称）的任務規定、武器使用権限に関する規定が必要。
> 当該下位法において、集団的自衛権行使については原則として事前の国会承認を必要とする旨を規定。

第11条（国際連合憲章上定められた安全保障措置等への参加）
我が国が国際連合憲章上定められ、又は国際連合安全保障理事会で決議された等の、各種の安全保障措置等に参加する場合には、以下の事項に留意しなければならない。

一　当該安全保障措置等の目的が我が国の防衛、外交、経済その他の諸政策と合致すること。
二　予め当該安全保障措置等の実施主体との十分な調整、派遣する国及び地域の情勢についての十分な情報収集等を行い、我が国が実施する措置の目的・任務を明確にすること。

> 本条の下位法として国際平和協力法案（いわゆる一般法）を予定。

第12条（武器の輸出入等）
国は、我が国及び国際社会の平和と安全を確保するとの観点から、防衛に資する産業基盤の保持及び育成につき配慮する。
2　武器及びその技術等の輸出入は、我が国及び国際社会の平和と安全を確保するとの目的に資するよう行われなければならない。とくに武器及びその技術等の輸出に当たっては、国は、国際紛争等を助長することのないよう十分に配慮しなければならない。

◎著者プロフィール

半田 滋（はんだ・しげる）

1955 年生まれ。東京新聞論説委員兼編集委員。1992 年より防衛庁（省）取材を担当。アメリカ、ロシア、韓国、カンボジア、イラクなど自衛隊の活動にまつわる海外取材の経験も豊富。2007 年、東京新聞・中日新聞連載の「新防人考」で第 13 回平和・協同ジャーナリスト基金賞（大賞）を受賞。日本の安全保障政策に関する取材の第一人者。著書に『日本は戦争をするのか――集団的自衛権と自衛隊 』（岩波新書)、『集団的自衛権のトリックと安倍改憲』（高文研)、『3・11 後の自衛隊――迷走する安全保障政策のゆくえ』(岩波ブックレット）等多数。

川口 創（かわぐち・はじめ）

1972 年生まれ。弁護士。名古屋第一法律事務所所属。日弁連憲法委員会副委員長。2004 年 2 月にイラク派兵差止訴訟を提訴。同弁護団事務局長として 4 年間、多くの原告、支援者、学者、弁護士とともに奮闘。2008 年 4 月 17 日に、名古屋高裁において、「航空自衛隊のイラクでの活動は憲法 9 条 1 項に違反」との違憲判決を得る。2006 年『季刊刑事弁護』誌上において、第 3 回刑事弁護最優秀新人賞受賞。著書に『「立憲主義の破壊」に抗う』（新日本出版社)、共著に、『「法の番人」内閣法制局の矜持』（阪田雅裕、大月書店、2014)、『「自衛隊のイラク派兵差止訴訟」判決文を読む』（大塚英志、角川グループパブリッシング）等がある。

徹底議論！ 半田 滋×川口 創
集団的自衛権で日本を滅ぼしてもいいのか

2015 年 2 月 10 日　第 1 刷発行

著　者　半田 滋＋川口 創
発行者　上野　良治
発行所　合同出版株式会社
東京都千代田区神田神保町 1-44
郵便番号　101-0051
電話　03（3294）3506
振替　00180-9-65422
ホームページ　http://www.godo-shuppan.co.jp/
印刷・製本　株式会社シナノ

■刊行図書リストを無料進呈いたします。
■落丁乱丁の際はお取り換えいたします。

ISBN 978-4-7726-1219-7　NDC302 130 × 188